Das Tao der Pferde

Über den achtsamen Umgang
mit dem Pferd

Von Pferden lernen heißt leben lernen

„Das Allerweichste auf Erden
überholt das Allerhärteste auf Erden.
Das Nichtseiende dringt auch noch ein in das,
was keinen Zwischenraum hat.
Daran erkennt man den Wert des Nicht-Handelns.
Die Belehrung ohne Worte, den Wert
des Nicht-Handelns
erreichen nur wenige auf Erden."

(Laotse)

Karsten Kulms

Das Tao der Pferde

Über den achtsamen Umgang mit dem Pferd

CADMOS

Der Autor, der Verlag und alle anderen an diesem Buch direkt oder indirekt beteiligten Personen lehnen für Unfälle oder Schäden jeder Art, die aus den in diesem Buch dargestellten Übungen entstehen können, jegliche Haftung ab.
Achten Sie immer auf die entsprechende Sicherheitsausrüstung für sich selbst.

Gestaltung und Satz: Hantsch & Jesch PrePress Services OG, Wien
Coverfoto: Susanne Retsch-Amschler
Fotos im Innenteil: Christiane Slawik, Fotolia, Chewell/Antje Kulms
Zeichnungen: Susanne Retsch-Amschler; Kalligrafien: Yasmin Jeng-Zeitz
Lektorat: Alessandra Kreibaum

Druck: Westermann Druck, Zwickau

Deutsche Nationalbibliothek – CIP-Einheitsaufnahme
Die Deutsche Nationalbibliothek verzeichnet diese Publikation in der Deutschen Nationalbibliografie; detaillierte bibliografische Daten sind im Internet über http://dnb.ddb.de abrufbar.

Printed in Germany

ISBN: 978-3-8404-1031-4

Inhalt

Vorab

So geheimnisvoll uns der Ferne Osten und seine Weisheitslehren erscheinen, sind die jahrtausendealten Erkenntnisse und Prinzipien der chinesischen Philosophie des Taoismus auch in unserer modernen Zeit eine wertvolle Bereicherung unseres Lebens.

Das Tao der Pferde soll keine neue Reitlehre sein, sondern möchte eine Art der mentalen Vorbereitung für jede Art der Beschäftigung mit dem Pferd sein. Es wendet sich mit seinen Überlegungen an alle Reitweisen und Pferderassen, an den ambitionierten Freizeitreiter ebenso wie an aktive Sportreiter und Profis. Dabei geht es in diesem Buch allein um den achtsamen Umgang mit dem Pferd – vom ersten Moment der Begegnung über das Putzen, Satteln und Vorbereiten bis zur konkreten Trainingssituation – und die vielen Vorteile, die sich aus einem *achtsamen* Zusammensein für Reiter und Pferd ergeben.

Über dieses Buch

*„Das Nicht-Handeln üben:
So kommt alles in Ordnung."*
(Laotse)

Was hat der Taoismus, eine uralte chinesische Philosophie, mit der modernen Haltung und dem Umgang mit Pferden zu tun, werden Sie sich vielleicht fragen.

Die Absicht dieses Buches ist es nicht, ein weiterer, vielleicht etwas exotischer Ratgeber in der überbordenden Masse der Pferdeliteratur zu sein. Vielmehr wenden sich die Ausführungen und Gedanken dieses Buches an diejenigen, die auf der Suche nach einem intensiven, harmonischen Verhältnis zu ihrem Pferd sind, ohne sich dabei verbiegen zu müssen oder in eine esoterische Ecke gedrängt zu werden.

Ziel ist es, im ganz alltäglichen Umgang mit dem Pferd – gleich ob im Sattel oder vom Boden – eine Methode des gegenseitigen Verstehens und Austausches anzuwenden, die das Verhalten des Pferdes nicht vermenschlicht. Denn unsere vierbeinigen Sport- und Freizeitpartner sind eben Pferde und keine Menschen.

Bei allen meinen Lehrgängen, die ich schon zum Thema der Verständigung mit Pferden gehalten habe, zeigt sich immer wieder, dass der Reiter ganz entscheidend selbst bestimmt, ob sein Pferd ihn verstehen kann oder nicht. Der Einfluss, den Sie ab dem ersten Moment der Kontaktaufnahme auf Ihr Pferd haben, ist dabei immer unsichtbar. Gerte, Longe, Hilfs- und andere Zügel verhindern durch ihre Unnachgiebigkeit eine verlustfreie Kommunikation zwischen Pferd und Reiter. Denn das, was Sie von ihm möchten, vermitteln Sie immer nur durch Gedanken und dynamische Informationen. Es ist, als wollten Sie einer Person im Nebenzimmer etwas durch die Wand hindurch zurufen. Da aber die dynamischen Schallwellen die starre Wand nur schwer durchdringen können, wird das nicht funktionieren. Auf diese Weise kann auch ein statisch am Sattel befestigter Ausbinder als Gegenstand nicht reagieren. Wenn er überhaupt eine Information auf das Pferd übertragen kann, dann allenfalls die Information „Schmerz im Maul". Dadurch, dass ein Ausbinder aber keine Information vom Pferd an den Reiter zurückgeben kann, nehmen Sie sich eine wichtige Informationsquelle und beschneiden damit Ihre eigenen Möglichkeiten, auf das Pferd einzugehen.

Je mehr Leder, desto weniger kann sich das Pferd entfalten und desto weniger können Sie es somit verstehen!

Der Pferdetrainer Michael Geitner bringt es auf den Punkt: *„Was wir von den Pferden verlangen, können sie schon. Wir müssen nur lernen, es ihnen zu sagen."* An diesem Satz ist viel Wahres dran. Denn was unterscheidet das imposante Drohverhalten eines Hengstes oder das Spielen eines Wallachs mit Artgenossen von den Lektionen, die unsere Pferde in der Reitbahn oder in der Reithalle leisten sollen? Oder anders ausgedrückt: Wir können von den Pferden nichts verlangen oder ihnen beibringen, wozu sie aufgrund ihrer körperlichen und geistigen Fähigkeiten nicht in der Lage sind und was sie nicht schon längst wissen.

Im Leben einer Pferdeherde spielt Kommunikation der Herdenmitglieder untereinander eine entscheidende Rolle, um ein sicheres Leben im Schutz der Gemeinschaft zu gewährleisten. Kommunikation ist daher auch der Schlüssel für den sicheren Umgang des Menschen mit seinem Pferd.

Dabei stellt sich bei der intensiven Arbeit am und mit dem Pferd, egal ob vom Boden oder im Sattel, bisweilen die nicht so kuriose Frage, wer eigentlich wen beeinflusst, der Mensch das Tier oder das Tier den Menschen.

Beobachten wir uns einmal selbst: Von dem Moment an, wenn wir unser Pferd von der Weide holen, um mit ihm zu arbeiten, lässt uns das Pferd, ohne selbst auch nur einen Muskel anzuspannen, wie eine Marionette hin und her springen, ohne dass es uns bewusst ist und wir darüber nachdenken.

Vor dem Reiten

Wir putzen von links, von rechts, wir laufen nach dem Sattel, nach der Trense, und haben, ohne es zu bemerken, oft bereits etliche Hundert Meter an Bewegungsstrecke zurückgelegt, ohne dass unser Pferd sich selbst auch nur einen Zentimeter bewegen musste.

Nach dem Reiten

Wir führen das Pferd von der Halle oder dem Reitplatz zurück in den Stall, schleppen den Sattel an seinen Platz, waschen die Trense aus und bringen sie weg, laufen nach der Putzkiste, dann noch rasch die Weidedecke aufgelegt, und bis das Pferd endlich wieder im Stall oder auf der Weide steht, sind vom Reiter nochmals viele Strecken zurückgelegt worden.

Jetzt werden Sie vielleicht sagen: „Aber ich muss doch mein Pferd für die Arbeit vorbereiten, es satteln und nachher noch versorgen." Das ist natürlich völlig richtig und notwendig und oft auch gar nicht anders machbar. Aber versetzen Sie sich einmal in die Wahrnehmung Ihres Pferdes: Ohne dass es sich bewegt, flitzen Sie wie ein Diener um das Tier herum. Ein Pferd lernt aber in der Herde, und sei sie noch so klein, dass derjenige, der von einem anderen „bewegt" wird, nie selbst die Führung übernehmen kann. Eine Leitstute treibt ihre Herde stets vor sich her, an der Tränke genügt ein Blick, eine Geste, um rangniedrigere Tiere zu bewegen, großzügig Platz zu machen. Auch der Futterplatz eines ranghohen Tiers wird lediglich mit einem kurzen Anlegen der Ohren beansprucht und frei gemacht.

Mit wenigen Signalen, ohne Schläge oder andere „Hilfsmittel", werden Absprachen und Abläufe organisiert. Auch im Zusammensein der Pferde in einer Herde ist es immer die *Information*, die den Willen eines ranghöheren Pferdes auf die übrigen Tiere überträgt. Und keine Gerte oder sonst ein Hilfsmittel.

Wenn Sie jetzt Ihr Verhalten mit den Augen Ihres Pferdes beobachten, muss Ihr vierbeiniger Sportsfreund zu der Überzeugung kommen, dass Sie ein rangniedrigeres Herdenmitglied sind, das allein schon durch seine pure Anwesenheit in hektische Aktion verfällt. Haben Sie im Sattel Platz genommen, soll Ihr Pferd plötzlich für die Dauer der Reitstunde in Kauf nehmen, sein Leben und seine Sicherheit Ihnen, einem „rangniederen" Herdenmitglied, anzuvertrauen und sich durch Sie bewegen zu lassen?

Nachdem Sie im Vorfeld durch Ihr Verhalten bewiesen haben, dass Sie Ihr Pferd als den selbstverständlich Ranghöheren anerkennen? Das wäre für Ihr Pferd etwa das Gleiche, als wenn Sie für eine gefährliche Hochgebirgswanderung den Kapitän eines Küstenschiffes von der Nordsee als Bergführer engagieren würden. Natürlich sind das Satteln und Trensen notwendige Vorarbeiten, um eine Reitstunde zu absolvieren. Aber die Tatsache der andersartigen Interpretation Ihres Verhaltens durch das Pferd bleibt dennoch bestehen.

Dieses Buch will Ihnen mithilfe der chinesischen Philosophie des Taoismus, einer uralten fernöstlichen Weisheitslehre, neue Wege aufzeigen, Ihr Pferd mit einfachen Mitteln und ohne den Einsatz mechanischer Hilfen – die im Verständnis des bisher Gesagten keine wirklichen „Hilfen" sein können – zu verstehen. Durch die andersartige Sichtweise dieser Philosophie bekommen Sie bei gleichzeitig gesteigerter Konzentrationsfähigkeit völlig neue Möglichkeiten an die Hand, um Ihr Pferd in *seiner* Art und Weise zu verstehen und somit *pferdegerechter* mit ihm umzugehen.

Eine merkwürdige Begegnung

Der letzte Auslöser für mich, dieses Buch zu schreiben, war ein Kunde von mir, eine schon äußerlich äußerst imposante Erscheinung mit asiatischen Gesichtszügen und langem, glattem, pechrabenschwarzem Haar. Er suchte mich zur Behandlung seines Hundes in meiner Tierheilpraxis auf. Glauben Sie mir – im ersten Moment dachte ich, ein leibhaftiger Nachfahre des legendären Mongolenführers Dschingis Khan säße in meiner Praxis – und damit lag ich gar nicht falsch, wie sich später herausstellte.

Pferde sind bis heute für das Überleben der Nomaden in den innerasiatischen Steppen unverzichtbar. In der Wahrnehmung und im Alltag dieser Menschen wird das Pferd somit zum selbstverständlichen Mittelpunkt ihres Daseins.

Nachdem die Behandlung abgeschlossen war, erzählte er noch lange von seiner asiatischen Heimat und seinen Wurzeln. Sie können sich meine Verwunderung vorstellen, als er mir seinen Stammbaum erklärte, der in direkter Linie tatsächlich auf den großen Mongolenfürsten zurückzuverfolgen ist.

Dieser Mann begeisterte mich mit sehr tiefgründigen Einsichten in die Grundlagen der chinesischen Philosophie des Tao des berühmten chinesischen Arztes und Gelehrten Laotse. Im Verlauf unserer weiteren intensiven Gespräche begriff ich, dass die Erkenntnisse dieser Lehre in ganz wunderbarer Art und Weise auch und gerade auf Tiere im Allgemeinen und Pferde im Besonderen anzuwenden sind.

Daraufhin begann ich, mich eingehend mit dieser zunächst zugegebenermaßen sehr fremden und in einer merkwürdig blumigen Sprache geschriebenen Lehre auseinanderzusetzen – natürlich immer mit den Pferden im Hinterkopf. Zu meinem eigenen Erstaunen fand ich schnell heraus, dass sich aus den Ausführungen der Schriften dieses Philosophen unglaublich verblüffende Hinweise und Ansichten herauslesen lassen, die in einem merkwürdig intensiven Bezug zur Wahrnehmung von Pferden und auch zur Beziehung Mensch–Pferd stehen.

Das Tao der Pferde

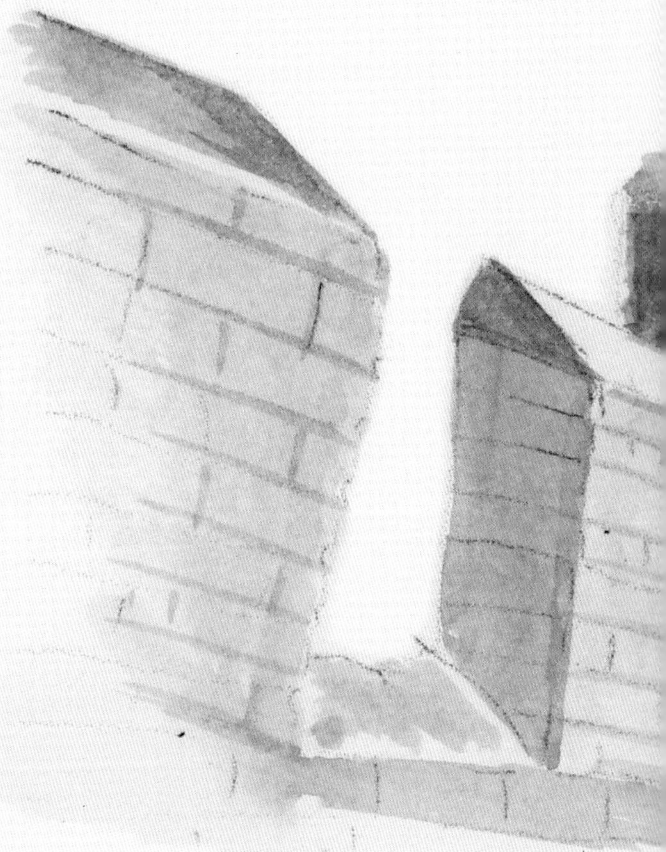

Pferde und Tao

Das Pferd im alten China

„Die vor alters tüchtig waren als Meister, waren im Verborgenen eins mit den 4200 unsichtbaren Kräften."

(Laotse)

Die Beschäftigung mit den alten Schriften der asiatischen und vor allem der chinesischen Dynastien und Herrscherfamilien zeigt, dass das Pferd damals gleich in mehrfacher Hinsicht eine weitaus wichtigere Funktion hatte, als es im modernen China nach außen hin den Eindruck macht. Das betrifft nicht nur seine praktische Verwendung als Last-, Reit- und Zugtier in der Landwirtschaft und zu Kriegszwecken, sondern besonders seine Wertschätzung in Kunst und Religion. Denn als „Geschöpf des Himmels" folgt es in der chinesischen Mythologie gleich hinter dem Drachen, der auch heute noch als das heiligste Tier der chinesischen Geisteswelt angesehen wird.

Zeitgleich mit der Domestizierung des Pferdes der alten Ägypter, Babylonier und Assyrer und etwa 3800 Jahre vor den Schriften Xenophons (circa 440 v. Chr.) begannen auch chinesische und innerasiatische Völker, das Pferd für ihre Zwecke dienstbar zu machen. Die Domestikation des Pferdes hat somit eine ihrer tiefen Wurzeln auch in Asien!

Hier muss ich nun für einen Moment ein wenig wissenschaftlich werden, bevor wir uns wieder dem Tao der Pferde zuwenden: In Asien, dort, wo sich heute Nordchina und die Mongolei auf Tausenden von Quadratkilometern über endlose Steppengebiete und einsame, unzugängliche und unwirtliche Bergregionen erstrecken, beginnt circa 4200 Jahre vor unserer Zeitrechnung die gemeinsame Geschichte von Mensch und Pferd. Die Nutzung dieser kleinen struppigen Pferde war in der kulturellen Entwicklung der Menschen dieser Region ein großer Schritt nach vorn. Denn durch den Einsatz dieser Tiere war es den Menschen nun möglich, größere Strecken schneller zu überwinden, Lasten zu transportieren und landwirtschaftliche Methoden zu verbessern. Die Qualität der Pferde und die reiterlichen Fähigkeiten waren – nicht nur in China – bis zur Erfindung der Schusswaffen häufig auch kriegsentscheidend. Nicht nur als Arbeitstier, Fleisch- und Milchlieferant, wurden Pferde schon frühzeitig auch zu Repräsentationszwecken gezüchtet und daraus resultierend zum Symbol für Freiheit, Kraft, Schnelligkeit und vor allem Macht.

Nach dem aktuellen Stand der Forschung ist das Pferd trotz der hohen kulturellen Bedeutung, die ihm im kaiserlichen China der verschiedenen Herrscherdynastien zukam, dort nicht einheimisch. Vielmehr verweisen die chinesischen Schriftquellen auf die Mongolei und das östliche Tibet als die Gebiete, aus denen das Wildpferd ursprünglich nach China kam. Man kannte die Wildpferdejagd, und in seltenen Fällen wird in Orakelschriften auch die Verwendung von Pferden als Opfertiere erwähnt. „Pferdeseher" und Priester, sogenannte „Wu – Ma", orakelten aus der Lage der Opfertiere nach deren Tötung die Zukunft, beschwörten Geister oder heilten Kranke.

Erst mit Beginn des zweiten Jahrtausends v. Chr. finden wir die geplante Pferdezucht als kulturelle Errungenschaft, vermutlich von den Völkern aus dem Westen und Nordwesten Chinas übernommen.

Alten Überlieferungen ist weiterhin zu entnehmen, dass das Pferd im alten China bereits etwa um das Jahr 2070 v. Chr. als Haustier, und hier zunächst zu Essenszwecken, gehalten wurde – anders als etwa in Japan, wo das Pferd nie als Nahrungsmittel Verwendung fand.

Die kleinen, zähen Pferde der innerasiatischen Steppen waren an die rauen Bedingungen ihrer lebensfeindlichen Umwelt bestens angepasst und spielten auch für die Entwicklung der chinesischen Kultur und Zivilisation einstmals eine wichtige Rolle.

Aber erst sehr viel später, seit etwa 1600 v. Chr., setzte sich die Verwendung des Pferdes als Zugtier vor dem Wagen oder Karren durch. Und erst 1300 Jahre später, in der Zeit um 300 v. Chr., erfolgte seine Verwendung als Reittier, und zwar durch die Vermittlung der Reitervölker Innerasiens beziehungsweise der Inneren Mongolei.

In den Anfängen noch weit vom Ideal der klassischen Reitkunst nach unseren Vorstellungen entfernt, wurde das Pferd zunächst hauptsächlich zu militärischen Zwecken genutzt. Doch ungeachtet seines Verwendungszwecks erfreute sich das Pferd einer allgemeinen hohen spirituellen Wertschätzung. Und das kam so:

Das Pferd aus dem Nordwesten

Alte chinesische Schriften berichten, dass zur Zeit der Westlichen Han-Dynastie (200 v. Chr. bis 9 n. Chr.) der große chinesische Entdecker und Gelehrte Zhang Qian (? bis 114 v. Chr.) durch die weiten Steppen Zentralasiens in den fernen Westen reiste. Die Menschen dort erzählten ihm von „Blut schwitzenden Pferden“, denen nachgesagt wurde, sie seien die stärksten und ausdauerndsten Pferde der Welt und könnten eine Strecke von 1000 Meilen an einem Tag zurücklegen. Zhang Qian hatte nichts Eiligeres zu tun, als schleunigst seinem Kaiser Wu Di (157 bis 87 v. Chr.) davon zu berichten. Der Kaiser erkannte sofort die strategische Bedeutung solcher Pferde für die Schlagkraft seiner Armee. Er überrannte das Gebiet und gelangte in den Besitz ausgesprochen kräftiger, wendiger und schneller Pferde. Ob sie allerdings tatsächlich 1000 Meilen am Tag zurücklegen konnten, darüber schweigen die alten Schriften.

Die erbeuteten Pferde müssen derart leistungsfähig gewesen sein, dass Kaiser Wu Di diese Tiere in seinen Dichtungen als „überirdisch“ bezeichnete und ihnen außergewöhnliche Eigenschaften wie Bewusstsein und Gefühle, aber auch Allmacht zuerkannte. Seither wurde und wird das Pferd in der chinesischen Mythologie als Wesen des Himmels dargestellt. Auch im wichtigsten Buch des Taoismus, dem *I Ging (Yi Jing)*, auf das später noch einzugehen sein wird, lautet eine Prophezeiung, dass das *„himmlische Pferd aus dem Nordwesten kommen wird“*.

馬

Pferd

In der chinesischen Mythologie war das Pferd der Sonne gleichgesetzt und folgte nach dem Drachen als das zweitheiligste Tier. Einige Schriften weisen das Pferd sogar als den Ahnherren des Menschen aus, und es spielte eine wichtige Rolle im Ahnen- und Totenkult des alten China. Es wurde als von der Erde geboren angesehen, wodurch es im chinesischen Denken deutlich aufgewertet wurde. Diese kurze Beschreibung der Bewertung des Pferdes im alten China zeigt, dass seine immaterielle, spirituelle Wertschätzung weit über seinen praktischen, alltäglichen Nutzen als Zug- und Lasttier hinausging.

Als sich zur Zeit der Tang-Dynastie (618 bis 907 n. Chr.) der allgemeine Wohlstand im chinesischen Reich der Mitte ausbreitete, wuchs auch das Interesse der Kaiserdynastie an der Zucht von Repräsentationspferden, die andere Ansprüche zu erfüllen hatten als reine Gebrauchspferde. Die Beamten und Adeligen in der Zeit der Tang-Kaiser konnten sich teure Pferde und aufwendige Stallungen leisten, und das Pferd erreichte bald den Stand eines hochrangigen Kulturguts. Reiten wurde somit zur Kunst erhoben, und der Umgang mit dem Pferd war auch in vielen Kunstwerken jener Zeit ein immer wiederkehrendes Thema. Es etablierten sich viele Künstler, die sich allein auf die Darstellung des Pferdes in Poesie und darstellender Kunst spezialisierten, wie etwa der bis in unsere Zeit bekannte Pferdemaler Han Gan.

Man frönte bereits damals dem Polospiel und importierte Pferde aus dem vorderasiatischen Raum. Die hohe Achtung, die dem Pferd in der Gesellschaft des alten China entgegengebracht wurde, zeigt sich auch daran, dass am kaiserlichen Hof in Beijing (Peking) erste tierärztliche Lehranstalten eingerichtet und der Pferdezucht eine erhöhte Aufmerksamkeit geschenkt wurde. In den nachfolgenden Dynastien entstanden sogar erste tierärztliche Apotheken, und es erschienen Bücher mit genauen Beschreibungen und Behandlungsvorschriften für Pferde.

Aber nicht nur in der Kunst und dem gesellschaftlichen Leben am Kaiserhof, auch unter militärischen Aspekten wurde das Pferd für die Herrscher der untereinander arg verfeindeten Reiche zunehmend interessanter. So wären die Eroberungszüge des ersten Kaisers von China, Qin Shihuangdi, zur Zeit der gewaltsamen Vereinigung der chinesischen Territorien zu einem geeinten Staat ohne den Einsatz von Pferden völlig undenkbar gewesen. Hier zeigt sich einmal mehr, wie eng die Entwicklung der Menschheitsgeschichte mit den Pferden zusammenhängt!

Das Pferd hatte als Zug- und Reittier im Krieg zur damaligen Zeit große Bedeutung, hingen doch von seinem Funktionieren oft Leben und Tod seines Reiters ab. Die Gesunderhaltung und vor allem der besonnene, achtsame Umgang mit dem Tier hatte daher oberste Priorität.

Die Anweisungen zum Umgang mit dem Pferd erfolgten zu dieser Zeit unter militärischer Sicht sicherlich nicht aus den Gedanken der Tierliebe und des Tierschutzes heraus. Die Tatsache, dass es ein Reitergeneral war, der erstmalig systematische Anweisungen zum Umgang mit Pferden festlegte, wirft ein sehr deutliches Licht auf die Absicht und den Zweck, warum Pferde für die Herrschenden der damaligen Zeit einen so unschätzbar hohen Wert hatten.

Pferde waren für die Eroberung und Einigung der sich ständig befehdenden Reiche zu einem großen, straff organisierten und verwalteten Kaiserreich unerlässlich und daher umso wertvoller für die streitenden Kriegsherren.

Pferde wurden in der Zeit der inneren Befehdungen der verschiedenen Dynastien und der äußeren Bedrohung der Grenzen durch Steppennomaden und andere Völker zu einem wichtigen militärischen Potenzial, mehr aber noch zu einem Instrument der Informationsverbreitung – in unserer Zeit der globalen Datenverarbeitung und satellitengelenkten Informationsströme wohl nicht mehr vorstellbar.

Für die Herrscher und andere Führungskräfte war es von höchst vitalem Interesse, die militärische Situation in den Außenbereichen der schon damals riesigen Territorien möglichst zeitnah abschätzen zu können. Zudem besaß sicher nicht jede berittene Einheit auch einen entsprechend geschulten Veterinär zur Versorgung kranker oder verwundeter Tiere. Und der Nachschub mit frischem „Pferdematerial“ war in den entlegenen Außen- und Grenzposten ein zeitraubendes, teures und oft nicht ganz ungefährliches Unterfangen.

Ähnlich der Entwicklung der Reitkunst in Europa viele Jahrhunderte später nahmen die Zuchtbemühungen um die Formung der entsprechenden Pferdetypen auch im kaiserlichen China grundsätzlich zwei verschiedene Richtungen. So gab es zum einen das Gebrauchspferd, das sogenannte „Primitivpferd“, und zum anderen das „Repräsentationspferd“ der chinesischen Kaiser und hohen Hofbeamten.

Das Repräsentationspferd

Bei den Zuchtbemühungen um ein ästhetisch ansprechendes Pferd, das seinem Besitzer zu Ruhm und Anerkennung verhelfen sollte, zeigen sich sehr interessante Parallelen des angestrebten Schönheitsideals, sowohl zur Zeit der Tang-Dynastie in China (618 bis 907 n. Chr.) als auch, Jahrhunderte später, zum Typ des Iberischen Pferdes, zur Zeit des Barocks in Europa.

Das Erscheinungsbild des Repräsentationspferdes ist ein „Kunstprodukt“, das losgelöst von existenziellen Notwendigkeiten vom Menschen zum Zweck der Selbstdarstellung gezüchtet wurde. Obwohl durch viele Tausende Kilometer und viele Jahrhunderte getrennt, weisen die barocken Pferdetypen der europäischen Kaiser und Könige und die Pferde der Kaiser aus der Tang-Dynastie hinsichtlich ihrer Erscheinungsform und ihrer Proportionen erstaunlicherweise sehr ähnliche Merkmale auf.

Der Typus des Repräsentationspferdes entstand zu einer Zeit und in einer Gesellschaftsschicht, in der Repräsentationen und Zeremonien immer auch Ausdruck von Machtansprüchen waren – im barocken Europa ebenso wie im kaiserlichen China. „Hoch zu Ross" konnte man effektvoll Distanz zwischen sich und „dem Volk" schaffen und Rang und Würde seiner Position zum Ausdruck bringen. Um diesen Effekt zu erreichen, brauchte man vor allem ein imposantes, großes und Respekt einflößendes Pferd: Es musste schon allein durch seine Erscheinung Macht symbolisieren und zudem eindrucksvolle Gänge zeigen. Entscheidend war das optische Ergebnis: Gezüchtet wurde durch Kreuzungen – hier wie dort.

Als Sinnbild kosmischer Kraft und Überlegenheit waren Pferde für den chinesischen Adel ein beliebtes Repräsentationsmittel eigener Macht und Stärke.

Dabei war ein fülliges Pferd – anders als aus heutiger Sicht – in früheren Zeiten stets ein Symbol für Reichtum und Wohlstand. Dieser Ernährungszustand konnte nur durch Zufütterung erreicht werden, und um diesen aus damaliger menschlicher Sicht „optimalen" Pflegezustand zu sichern, wurden diese Pferde dauerhaft im Stall gehalten. Mit dem Verzicht auf die Haltung in Gruppen und auf der Weide sollte verhindert werden, dass sich die wertvollen Tiere bei Kabbeleien verletzten und durch übermäßige Bewegung die aus optischen Gründen angefütterten Fettreserven wieder verbrauchten.

Mit der Herausbildung eines Repräsentationspferdes wurde auch in China das Reiten zu einer Kunst erhoben, deren Erlernen und Beherrschung als ausgesprochen charakterfördernd angesehen wurde – eine Eigenschaft, die unter dem Einfluss konfuzianischer Lehre und „Staatsreligion" nicht hoch genug eingeschätzt werden konnte. Waren doch Selbstdisziplin, Achtsamkeit, innere Sammlung und Konzentration als die wichtigsten Grundlagen für eine möglichst perfekte Vorstellung von Pferd und Reiter auch im Sinne der Lehren des Konfuzius, dessen Prinzipien das Weltbild des alten China prägten. Somit waren das Reiten und der Umgang mit Pferden auch im Sinne der kaiserlichen Doktrin der Staatsauffassung und Machtbegründung. Das war im Europa zur Zeit des Barock nicht anders. Darauf deutet schon die Wortnähe von „Reiten" und „Ritter" als Bezeichnung für einen gebildeten Adeligen hin.

Aus dem Buch *I Ging*

„So wendet sich der Edle seiner eigenen Person zu und bildet seinen Charakter."

Wie ähnlich dabei die Schönheitsideale in China denen später in Europa waren, zeigt sich in vielen ähnlichen Körpermerkmalen, die sich sowohl beim chinesischen als auch beim europäischen Repräsentationspferd finden lassen.

Vergleicht man etwa alte steinerne Grabfunde mit Pferdedarstellungen aus China mit Gemälden aus der Zeit des Barock in Europa, so zeigen sich bei beiden Pferdetypen auffallende Ähnlichkeiten:

- ein „geramstes" Kopfprofil
- eine ausgeprägte muskulöse Kruppe
- ein hoher Halsansatz, kurzer Oberarm und lange Röhrbeine, die für die typischen erhabenen Gänge mit ausgeprägter Knieaktion verantwortlich sind
- im Format ein „Quadratpferd"
- ausgeglichene Gelenkswinkel
- im „Muskelansatztyp" stehend

So fremd uns auch die fernöstliche Kultur unserer eigenen Wahrnehmung entgegensteht – ein „schönes", imposantes Pferd sieht wohl überall gleich aus.

Das Gebrauchspferd

In den kargen Steppen der Mongolei mit ihrem geringen Futterangebot und starken täglichen und jahreszeitlichen Temperaturschwankungen entwickelte sich ein der Form der Urpferde wie dem Przewalski-Pferd oder dem Steppentarpan sehr nahestehender Pferde- beziehungsweise Ponytyp.

Wie schon vor Tausenden von Jahren ziehen auch heute noch die mongolischen Nomaden mit ihren halbwilden und ganzjährig im Freien gehaltenen Pferdeherden durch die Steppen Zentralasiens von Weidegrund zu Weidegrund. Um zu überleben, sind die Menschen in den abgelegenen, einsamen Regionen ihrer Heimat auf die Milch der Stuten und das Fleisch der Tiere angewiesen. Und auch für den Transport des Hausrats sowie die eigene Fortbewegung in der menschenleeren Wildnis sind die kräftigen kleinen Pferde als Trag- und Reittier bis heute unverzichtbar. Es findet bei dieser Art der Nutzung des Pferdes allerdings keinerlei gelenkte Zucht statt, sondern die Auslese entspricht weitgehend den Selektionsmechanismen in Wildtierpopulationen, getreu dem altbekannten Motto: „Nur der Stärkste überlebt."

Das Ergebnis ist ein optimal an die harten Bedingungen seiner Umwelt angepasster und überaus ökonomisch funktionierender Pferdetyp. So ist seine geringe Körpergröße ein Kompromiss zwischen den vielfältigen Umweltanforderungen ans Überleben. Was zählt, ist größtmögliche Kraft, Ausdauer und Schnelligkeit bei gleichzeitig äußerst geringem, nährstoffarmem Futterangebot. Und das gelingt am besten mit einem kleinen Körper, der mit einem weitaus geringeren Nährstoffangebot zurechtkommt als ein großer Körper.

Die zähe und robuste Konstitution der kleinen Pferde aus den innerasiatischen Steppen sichert in manchen Regionen Nordchinas und der Mongolei bis in die heutige Zeit das Überleben der Menschen in ihrer kargen, unwirtlichen Heimat. Pferde stehen daher nicht nur in ihrem Alltag, sondern auch bei festlichen Anlässen immer im Mittelpunkt.

So entstanden in weit auseinanderliegenden Regionen bei vergleichbaren Umweltbedingungen ganz ähnliche Pferderassen: In den kargen Weiten Innerasiens entwickelte das Mongolenpony die gleichen Körpermerkmale wie das Islandpferd in Nordeuropa. Beiden gemein sind ein niedriger Energieumsatz und eine daraus resultierende Genügsamkeit hinsichtlich des Futterbedarfs.

Auch die Fähigkeit, weite Distanzen mit einem vergleichsweise geringen Kraftverbrauch zurückzulegen, zeichnet beide Pferderassen gleichermaßen aus. Dabei ist der Tölt die bevorzugte Gangart für lange Strecken: zwar schneller als der Schritt, aber – im Vergleich zum Trab – durch Wegfall der Schwebephase weitaus kraftsparender und durch den Viertakt der Schritte gerade in unzugänglichem Terrain zudem weitaus trittsicherer.

Da der kurze Hals dieser Tiere tief angesetzt und durch eine kräftige Muskulatur kompakt mit dem starken Rücken verbunden ist, benötigt das Tragen des Kopfes wenig Muskelkraft und verbraucht somit nur wenig der in diesen Gegenden besonders wertvollen Körperenergie. Durch die gleichmäßig starke Ausbildung der Vorder- und der Hinterhand liegt der Schwerpunkt dieser kleinen Pferde in der Körpermitte. Die geringe Widerristhöhe in Verbindung mit ihrem kompakten Körper und dem kräftigen Fundament ihrer Beine befähigt diese zähen Pferde, auch schwere Lasten über lange Strecken schadlos zu tragen.
Ihr Exterieur ist durch folgende Merkmale gekennzeichnet:

- Kräftiges Fundament und harte Hufe
- Zur Ausdauerleistung ohne Zufütterung fähig
- Fellfarben: hauptsächlich Braune, Rappen und Falben
- Ausgesprochen zähe Konstitution und Gesundheit

Hier können die Freunde der Islandpferde besonders stolz sein; ihr Lieblingspferdetyp aus Nordeuropa ist in ganz ähnlicher Form auch heute noch in den Steppen Innerasiens ein unverzichtbarer Bestandteil des täglichen Überlebens der dortigen Menschen. Das zähe Mongolenpferd „züchtet“ sich dort weitgehend von selbst, womit die Vererbung der positiven Rassemerkmale wohl auch in Zukunft weitgehend bewahrt wird.

© Slawik

Obwohl Tausende Kilometer voneinander entfernt, ähneln Islandpferde in vielen Merkmalen sehr auffällig ihren Verwandten in den innerasiatischen Steppen.

Als es in China ab dem Jahr 906 zum Niedergang der Aristokratie kam, die ab 960 von einer dem Kaiser unterstehenden Bürokratie abgelöst wurde, verschwand schließlich auch die „Pferdekultur" des alten China endgültig. Die einstige Verehrung und Bewunderung der Menschen für ihre Pferde findet auf verwitterten Steinreliefs und alten Tuschezeichnungen, in Form bronzener Skulpturen und natürlich in schriftlichen und mündlich überlieferten Erzählungen, Sagen und Geschichten jedoch bis heute einen schwachen Abglanz vergangener Zeiten.

Allerdings ist uns vom unmittelbaren Umgang, der Ausbildung und dem Training des Pferdes aus der Zeit des alten China vieles nur noch bruchstückhaft überliefert, und ein Großteil des Wissens über den Umgang mit dem Pferd aus der damaligen Zeit ist im Verlauf der Jahrhunderte für immer verloren gegangen.

„Die Menschen stolpern nicht über Berge, sondern über Maulwurfshügel."

(Konfuzius)

Aber das alte China hat uns etwas sehr Wertvolles hinterlassen, das die Jahrtausende seit seiner Entstehung überdauert hat und das sich auch heute noch als sehr praktisch für den modernen Umgang mit unseren Pferden erweist: die Philosophie des Tao.

Bei näherem Hinsehen ist die Bedeutung des Pferdes im chinesischen Denken der europäischen Sicht auf Pferde überaus ähnlich, wie wir am Beispiel des Repräsentations- und des Gebrauchspferdes gesehen haben. So können wir uns also gelassen auf das Abenteuer des Tao und der chinesischen Wahrnehmung einlassen, ohne uns komplett einer ganz anderen Kultur hingeben zu müssen.

Das Tao als moderner Weg zum Pferd

„Zurückgewandt sein zur Wurzel: Das ist Stille.
Stille: Das ist Rückkehr zur Bestimmung.
Duldsamkeit bringt Edelsinn.
Edelsinn bringt Herrschaft." (Laotse)

Aber tauchen wir wieder auf aus den Tiefen der asiatischen Kulturgeschichte des Pferdes und fragen wir uns, wie uns die alten Lehren des Tao in unserer modernen, schnelllebigen Zeit im Umgang mit unseren Pferden weiterhelfen können.

Viele moderne Methoden und Konzepte aus der Welt der Reiterei befassen sich punktuell und nur schlagwortartig mit dem Problem und der Notwendigkeit, sich dem Pferd gegenüber in einer für das Tier verständlichen Art und Weise auszudrücken, um es in die Lage zu versetzen, die von ihm geforderten Aufgaben auch tatsächlich bewältigen zu können. Dabei fallen – gerade im angelsächsischen Sprachraum – immer wieder Bezeichnungen wie „TTouch" (Linda Tellington-Jones), „Natural Horsemanship" (Pat Parelli) oder auch „Join up" (Monty Roberts).

Aber ich frage mich, ob sich der Umgang und die Kommunikation mit dem Pferd auf einfache Slogans herunterschrauben lässt, wenn es um ein möglichst umfassendes Erkennen der Wahrnehmung einer uns fremden Spezies geht.

Das Buch *I Ging* sagt

„So nährt der Edle durch gründliches Handeln seinen Charakter."

Ein derartiges schlagwortorientiertes Vereinfachen des Sachverhalts macht das „Trainingsprogramm" seines Verfassers zwar markt- und werbekompatibler, aber der Sache wirklich dienlich ist es damit noch lange nicht. Bedenkt man konsequent, worauf man sich bei der Suche nach einem wirklichen Zugang zur Erfahrenswelt eines Pferdes einlässt – die schlussendlich zu irgendeinem wie immer gearteten „Austausch“ zwischen Mensch und Pferd führen soll –, hilft es nur wenig, das eigene Vorgehen unter ein bestimmtes Motto zu stellen.

Vielmehr muss man sich darüber im Klaren sein, dass die Erfassung der Erfahrenswelt des Pferdes in seiner Gesamtheit ein weitaus mühsamerer Weg ist, als sich nach den Vorgaben eines vorgedachten Handlungsprogramms zu richten und der versprochenen positiven Ergebnisse zu harren. Wenn Sie ehrlich zu sich selbst sind, dann erkennen Sie, dass eine Erwartungshaltung nach dem Motto: „Das Pferd wird sich schon auf mich einstellen, wenn ich nur diesen oder jenen Reflexpunkt bediene“, nicht ausreichend ist.

Die Wahrnehmung von Pferden ist weitaus vielfältiger, als dass sich der

Aber warum eine uralte chinesische Denkmethode anwenden, deren Erlernen uns westlich geprägten Menschen so überaus schwerfällt? Die Anwendung der Sichtweisen des Taoismus setzt im Umgang mit dem Pferd voraus, zunächst die eigene, gewohnte Wahrnehmung zurückzustellen und sich völlig von unserem geläufigen und eintrainierten Weltbild zu lösen. Dabei spielt die Bereitschaft, andere Wahrnehmungsformen als ebenfalls existent und folglich wahrhaftig anzuerkennen, eine entscheidende Rolle.

Nur auf diese Weise lässt sich ein Zugang zur Vielschichtigkeit und Andersartigkeit der uns fremden Wahrnehmung der Pferde erreichen, der uns auf dem Weg, eine wirkliche Übereinstimmung und innere Harmonie mit unserem Partner Pferd zu erlangen, ein gutes Stück weiterbringt.

Umgang mit ihnen auf einige wenige Schlagwörter und Handlungsanweisungen reduzieren ließe.

Bildersprache und Schriftzeichen

„Wahre Worte sind nicht schön,
schöne Worte sind nicht wahr.
Tüchtigkeit überredet nicht,
Überredung ist nicht tüchtig." (Laotse)

Die Grundlage für das Verständnis eines Pferdes ist die Tatsache, dass die Kommunikation mit seiner Umwelt nicht in strukturierten Gedanken erfolgt, die unserem Muster des „Eben, jetzt und gleich" oder auch „Gestern, heute, morgen" folgen.

Die intensive Beschäftigung mit den Grundlagen der Akupunktur nach asiatischen Vorstellungen eröffnete mir im Verlauf der Zeit den Zugang zu einer völlig anderen Umweltwahrnehmung: der ganzheitlichen Sichtweise der chinesischen Lehre des Tao. Diese philosophische Denkrichtung basiert auf einer circa 4000 Jahre alten und beständig weiterentwickelten Gedankengrundlage.

Leben im Hier und Jetzt

Das Pferd kommuniziert – trotz moderner Zucht- und Haltungsbedingungen – immer noch wie zu den Zeiten, als große Herdenverbände in völliger Freiheit in den Weiten der Steppenlandschaften dieser Erde lebten. Einzelne Herden mit vielen Hunderten oder Tausenden von Individuen verteilten sich auf einer viele Tausend Hektar großen Fläche. Die riesigen Weidegründe zwangen die Pferde als Herden- und Fluchttiere dazu, auch über große Distanzen ständig miteinander in irgendeiner Art der kommunikativen Verbindung zu stehen, um sich vor lebensbedrohlichen Gefahren wie etwa Raubtierangriffen zu schützen.

Auch heute noch beobachtet man bei den wenigen noch in Freiheit lebenden Pferdeherden, dass sich eine scheinbar in Ruhe grasende Herde bei Gefahr plötzlich zu einer mehr oder weniger formierten Flucht zusammenschließt. Aber welchen Kommunikationsweg benutzt die Herde? Wie kann die Meldung einer Gefahr von einem Ende der Herde blitzschnell über eine mitunter mehrere Kilometer lange Strecke zum anderen Rand der Gruppe gelangen?

Damit die Herde zu einer gezielten, organisierten und effektiven Flucht in der Lage ist, bei der möglichst viele Herdenmitglieder überleben, muss nicht nur die Gefahr gemeldet werden, sondern genauere Informationen sind notwendig: Aus welcher Richtung droht Gefahr? Wohin soll geflüchtet werden? Was ist die konkrete Bedrohung: Fressfeinde, Unwetter oder etwas anderes?

Die natürliche Führung des Pferdes erfolgt durch die Vermittlung „innerer“ Bilder und Bildinformationen!

Die Verarbeitung aller dieser Informationen erfordert eine weitaus komplexere Wahrnehmung als ein rein instinktgesteuertes Verhaltensmuster. Nachdem etliche Verhaltenswissenschaftler an dieser Frage

Pferde fühlen sich nur in Gemeinschaft sicher, um sich vor Gefahren zu schützen.

bisher stets erfolgreich gescheitert sind, geht die moderne Verhaltensforschung davon aus, dass Pferde in mehr oder weniger komplexen „Bildern“ oder bildartigen Vorstellungen denken.

Grundlegend für das Verständnis taoistischen Denkens ist die Tatsache, dass in der Kommunikation der Pferde der *Sinn*, der hinter jedem kommunizierten Signal steht, zählt und nicht der Informationsgegenstand selbst.

Diese Konzentration auf den Sinn eines Gegenstands, eines Tiers oder einer Pflanze spiegelt sich auch in der Entwicklung der chinesischen Schriftsprache wider. So begannen die Menschen, die sich bereits in grauer Vorzeit an den steilen Ufern des mächtigen Huang He, des Gelben Flusses, niederließen, ihr Wissen und ihre Erfahrungen mit symbolhaften Zeichen in die Panzer erlegter Schildkröten zu ritzen, um Ideen und technisches Know-how zu konservieren und an andere weitergeben zu können.

Die chinesischen Schriftzeichen stellen in diesem Sinne keine eigentliche Schrift nach unserem westlichen beziehungsweise abendländischen Verständnis dar, in der sich Buchstabe an Buchstabe reiht, um ein Wort und somit einen Sinn zu bilden. Schriftzeichen im chinesischen System der Wort- oder Wortsinnkommunikation benutzen Bildsymbole, die entweder einzeln oder kombiniert zu Worten oder besser gesagt zu gedanklichen Sinneinheiten zusammengefasst werden.

Auch die chinesischen Schriftzeichen auf dieser Seite und immer wieder im Buch sind Symbole: So steht das obere Zeichen (gesprochen: Ma) für Pferd und soll in stilisierter Form die Silhouette eines Pferdes darstellen. Das untere Schriftzeichen bedeutet so viel wie Weg (gesprochen: Tao), steht aber auch in abstrakter Form für den Erkenntnisweg zu sich selbst. Zusammengenommen bedeuten diese beiden Zeichen „Ma tao“ so viel wie „Pferde-Tao“, „Pferde-Weg“ oder eben „Das Tao der Pferde“.

Die Vermittlung von Gedanken basiert in der chinesischen Sprache folglich im weitesten Sinne auf dem Gebrauch von Bildern oder „Bildvorstellungen“ – und ist somit der Wahrnehmung der Pferde im Kern nicht ganz unähnlich!

Das Tao der Pferde
in chinesischen Schriftzeichen.

An diesem Punkt schließt sich für mich der Kreis, an dem sich die oben beschriebene Bildkommunikation der Pferde mit den Anfängen und den Grundlagen der taoistischen Wahrnehmung und Denkweise überschneidet. Denn die Philosophie des Tao geht davon aus, dass hinter allem, was es auf der Welt gibt, ein tiefer Sinn steht – deshalb, weil es gerade diesen Gegenstand gibt, so wie er ist und nicht anders. Diese Sinnhaftigkeit schließt auch alle in unseren Augen unbelebten Dinge ein, wie Flüsse, Berge, Steine und so fort.

Der chinesische Philosoph Laotse, der gemeinhin als einer der wichtigsten Begründer des Taoismus angesehen wird, drückt es so aus:

„Dreißig Speichen treffen sich in einer Nabe:
Auf dem Nichts zwischen den Speichen jedoch
beruht des Wagens Brauchbarkeit.

Man bildet Ton und macht daraus Gefäße:
Auf dem Nichts daran beruht des Gefäßes Brauchbarkeit.

Darum: Das Sein gibt Besitz, das Nichtsein Brauchbarkeit."

(Laotse: *Tao Te King – Das Buch vom Sinn und Leben)*

Über dieses *Nichts* als dem eigentlichen *Sinn* lohnt es sich nachzudenken, denn es ist der Kern des *Tao der Pferde*.

Aber wieder zurück zu unseren Pferden: Die Konzentration auf die hinter einem Gegenstand oder einer Aktion liegende Bedeutung für das eigene Empfinden ist der Schlüssel zur Kommunikation mit unserem Pferd. Schauen wir uns das eben erwähnte Gedicht von Laotse an, so ist es nicht der Gegenstand des Rades selbst, sondern die Leere zwischen den Speichen, die dem Rad seine Funktion und Bedeutung, seinen Sinn gibt. Was die Kraft des Tao bewirken kann, möchte ich mit folgender Geschichte hier schon andeuten: Ich bekam ein Pferd an die Hand, das ich vom Zustand eines „Weideponys" zu einem verlässlichen Voltigierpferd für unsere Voltigierkinder im Reitverein ausbilden sollte.

Wendy war eine typische Vertreterin des Schlages: „Auf meiner Weide bin ich zu Hause – versuch du bloß nicht, mich zum Arbeiten zu kriegen!“ Mit einer, vorsichtig ausgedrückt, kräftigen Figur ausgestattet, war sie ziemlich unempfindlich gegen alle herkömmlichen Mittel, die ein Pferd zur Mitarbeit veranlassen. Der einzige Weg, sie zu überzeugen, doch mitzumachen, führte in ihren Kopf und ihre Wahrnehmung. Ab dem Moment, als sie merkte, dass es mir möglich war – so unglaublich es bis jetzt noch für Sie klingen mag –, einen Teil ihrer Gedanken im Hier und Jetzt zu leiten, wurde sie sehr schnell zu einem aufmerksamen, folgsamen und recht fleißigen Sportpartner. Wunder waren natürlich noch nicht zu erwarten, aber in kleinen Schritten wurde es immer besser, sodass wir uns schon recht bald entschlossen, unsere junge Voltigiertruppe auf einem großen Hoffest in der Nähe vorzustellen – mit Publikum, vielen fremden Pferden, mit fremden Geräu-

© Slawik

Ein harmonisches Miteinander von Mensch und Pferd erfordert von beiden Seiten volle geistige Konzentration und Aufmersamkeit, und lässt sich nicht „mal so nebenbei“ erarbeiten.

schen, mit vielen bunten Fahnen und der ganzen Hektik, die bei solchen Hoffesten dazugehört. Während der Aufführung arbeitete Wendy trotz aller Ablenkungsmöglichkeiten hoch konzentriert mit, und wir bekamen zum Schluss dicken Applaus!

Ich will Ihnen jedoch nicht verschweigen, dass mich die Arbeit mit Wendy viel gedanklichen Schweiß und viel „Hirnschmalz" gekostet hat. Nach so mancher Voltigierstunde, in der ich 60 lange Minuten ausschließlich im Hier und Jetzt anwesend sein musste, um den Kontakt mit dem Pferd aufrechtzuerhalten, war ich selbst fix und fertig. Geistige Konzentration raubt dem Körper unglaublich viel Energie, wie ich dabei immer wieder feststellen musste.

Das Buch *I Ging* sagt

„Bescheidenheit schafft Gelingen. Der Edle bringt zu Ende."

Noch viele Pferde folgten Wendy, die alle sehr gut auf diese Form des konzentrierten, achtsamen Umgangs reagierten, manche verblüffend schnell. Auf manchen meiner Kurse genügt ein Samstagvormittag, um dem Pferdebesitzer, und damit verbunden seinem Pferd, dieses Gedankenwerkzeug des Tao zu vermitteln und die ersten Erfolge zu erzielen. Schon bei so manchem Reiter eines scheinbar schwierigen, unkonzentrierten Pferdes ist „der Knoten geplatzt", und er hat eine sinnvolle Basis an die Hand bekommen, von der aus er weitere Trainingsschritte selbst entwickeln konnte.

Sie sehen, es ergibt durchaus Sinn, sich auf das Tao der Pferde einzulassen – es macht vieles einfacher. Nehmen Sie sich deshalb ruhig Zeit, die weiteren Gedanken auf sich wirken zu lassen. Je intensiver Sie sich mit den folgenden Ausführungen beschäftigen, desto schneller werden sich die ersten Erfolge im Umgang mit Ihrem Pferd zeigen: beiderseitige Zufriedenheit und Gelassenheit, die zu einem intensiveren Miteinander und somit letztendlich auch zu mehr Gelassenheit im Training und im Verhalten Ihres Pferdes bei brenzligen Situationen im Gelände führen.

Die Grundlagen

Um sich in den ungewohnten und oft scheinbar gegensätzlichen Prinzipien des Tao der Pferde zurechtzufinden, möchte ich in den folgenden Abschnitten zunächst auf die grundlegenden Prinzipien des Taoismus als Philosophie einer jahrtausendealten Kultur eingehen.

Alles ist Information

Dass Pferde eine grundlegend andere Wahrnehmung als wir Menschen haben, ist nichts Neues. Entscheidend für das Verständnis des Tao der Pferde ist jedoch die Tatsache, dass Pferde im Gegensatz zu uns keinen materiellen Bezug zu ihrer Umwelt haben. Sie erschaffen keine Prachtbauten, sie gründen keine Städte und benutzen auch keine Maschinen.

Ihr ganzes Leben verläuft in einem ständigen Interpretieren und Reagieren auf immaterielle Informationen. Das sind natürlich keine komplexen Inhalte wie das Bahnkommando „Schlangenlinien durch die ganze Bahn, drei Bögen" – die Informationen, nach denen Pferde ihr Leben ausrichten, sind viel feiner und umfassen auch energetische Zustände ihrer Umwelt. Information meint für Pferde nicht das Wissen über ein Ding oder einen Sachverhalt, sondern das Wesen der Information selbst.

Pferde nehmen eine Information immer ganzheitlich wahr, gleichzeitig optisch, akustisch und olfaktorisch. Einen herannahenden, laut knatternden Traktor werden sie somit nicht nur als laute Maschine wahrnehmen. Für sie beinhaltet die Information Traktor die Eigenschaften laut, groß, schnell und stinkend. Wollte man also das Wort Traktor in die Sprache der Pferde übersetzen, würde das Wort für diese Maschine bei ihnen wohl „Lautgroßschnellstinkend" heißen. Wird diese Maschine als gefährlich angesehen, würden in unserem Gedankenspiel die Pferde auch das Wort Gefahr mit „Lautgroßschnellstinkend" übersetzen. Was zählt, ist die *Information* über den Gegenstand, nicht der Gegenstand selbst!

Entscheidend und dadurch der chinesischen Philosophie des Taoismus so ähnlich ist die Tatsache, dass Informationen in der Wahrnehmung der Pferde keinen zeitlichen Bezug haben. Für sie findet alles im *Jetzt* statt, in diesem Moment. In ihrer Wahrnehmung ergibt sich dadurch ein hochkomplexes Gesamtbild für eine Situation, das sich aus einer Vielzahl von Einzeleindrücken zusammensetzt. Ein Pferd könnte sich, bildlich gesprochen, nie in ein gut besuchtes Kaffeehaus setzen, um dort in Ruhe die Zeitung zu lesen. Seine ganzheitlich ausgerichtete Wahrnehmung ließe das gar nicht zu, weil das Pferd als Fluchttier nie gelernt hat, seine Umweltwahrnehmung auf lediglich *eine* Information zu reduzieren. Ein derartiges Verhalten darf sich ein Beutetier in freier Natur nicht leisten, will es nicht einem Raubtier zum Opfer fallen.

Diese Art der Wahrnehmung bedeutet für den Umgang mit Pferden, dass wir für diese Tiere in jedem Moment immer nur *ein* Teil ihrer Wahrnehmung sind.

Wenn wir beispielsweise die Übung „Durch den Zirkel wechseln" reiten, haben wir dabei einen zeitlichen Ablauf der Hilfengebung vor Augen, wann welche Parade zu geben ist, wann welcher Schenkel an welcher Stelle Druck ausübt und so fort.

Da aber das Pferd in seiner Wahrnehmung des *Jetzt* nicht voraus-denken kann, was Sie im nächsten Moment vorhaben, wird es auch jede Hilfe nur als Information im *Jetzt* wahrnehmen und darauf reagieren. Welche Unwägbarkeiten für das Pferd damit verbunden sind, soll eine kleine Übung verdeutlichen: Bitten Sie einen Freund oder eine Freundin, Sie von hinten zu führen, indem er oder sie die Hände an Ihre Oberarme legt. Ein Ziehen Ihres Partners am linken Oberarm bedeutet, dass Sie nach links gehen, ein Ziehen am rechten Oberarm lenkt Sie nach rechts. Das Drücken des Oberarms nach unten bedeutet „Halt" oder „Marsch". Derart vorbereitet, konzentrieren Sie sich jetzt ganz auf Ihre Umwelt und versuchen, so viel wie möglich von Ihrer Umgebung wahrzunehmen. Plötzlich kommt das vereinbarte Signal „Marsch" und Sie gehen los. Nach einigen Schritten kommt unerwartet ein „Rechts"-Signal, dann sollen Sie plötzlich wieder nach links gehen, und so fort.

Sie können diese Übung auch erweitern, indem Sie Ihren Partner bitten, sich eine Bahnfigur zu überlegen, durch die er Sie auf diese Weise führen soll. Sie werden sehr schnell das Unbehagen spüren, das sich ein-stellt, wenn wir uns ohne einen für uns erkennbaren Plan führen lassen sollen. Es gehört in diesem Fall schon eine gehörige Portion Vertrauen dazu, sich in einer solchen Situation wohlzufühlen.

Um diese Erfahrung reicher, wird es Ihnen sicherlich nicht schwer-fallen zu verstehen, warum eine strukturierte Hilfengebung für Pferde als reine „Informationsverarbeiter" so unglaublich wichtig ist.

Freiheit

Das Tao des Laotse

„Also auch der Berufene:
Er wirkt und behält nicht.
Ist das Werk vollbracht, so verharrt er nicht dabei."

(Laotse)

Der Taoismus ist in vielerlei Hinscht das verbindende Element zwischen der natürlichen Wahrnehmung des Pferdes und der tiergerechten Informationsübermittlung des menschlichen Willens. Aber keine Angst: Um mit Ihrem Pferd in einen erfolgreichen kommunikativen Austausch im Sinne des Tao zu treten, brauchen Sie kein taoistischer Mönch zu werden. Es reicht schon, sich die vielen verschiedenen Aspekte des Taoismus hinsichtlich seiner Weltanschauung wertfrei zu eigen zu machen und den

© Slawik

Ist der Mensch bereit, sich seinem Pferd mit echter Achtsamkeit und wacher Wahrnehmung zu nähern, wird das Pferd ihn schnell verstehen.

eigenen Umgang mit dem Pferd daraufhin zu überdenken. Dann werden Sie die Vorteile, die sich aus einer solchen Umgangsweise ergeben, erkennen und für sich nutzen können.

Das Wort Tao, das im Chinesischen auch mit Dao oder Do bezeichnet wird, bedeutet in seinem Ursprung zunächst einmal nichts anderes als unser deutsches Wort Weg und bezeichnete in der taoistisch geprägten Betrachtung der Welt ursprünglich den Weg zu sich selbst. Heute finden wir dieses Wort kurioserweise noch in der Bezeichnung für viele asiatische Kampfsportarten wie etwa Ju-*do*, Taekwon-*do* oder Shaolin-Karate-*do*. Das klassische Chinesisch erweiterte diesen Begriff in nachfolgenden Zeiten um die Bedeutung Methode, Prinzip oder auch „der rechte Weg".

Es war der chinesische Philosoph Laotse, der wahrscheinlich 480 bis 390 vor unserer Zeitrechnung lebte und dem die Begründung des Taoismus zugeschrieben wird. Es ist jedoch davon auszugehen, dass der Taoismus selbst als Ergebnis jahrtausendelanger Naturbeobachtungen und Erkenntnisse früherer Menschen des alten China noch weitaus älter ist.

Um es gleich vorweg zu sagen: Taoismus ist *keine* Religion oder religiöse Heilslehre. In der Philosophie des Taoismus geht es allein um das *Erkennen* und achtsame Gewahrwerden dessen, was das Wesen einer bestimmten Situation ausmacht, und die entsprechende Reaktion darauf.

Zwar ist es heute nahezu unmöglich nachzuvollziehen, inwieweit sich die Menschen des alten China im Umgang mit ihren Pferden nach den Prinzipien der taoistischen Philosophie richteten. Aber da die Wahrnehmung ihrer Umwelt nach taoistischen Ansichten und der Taoismus selbst als Staatsphilosopie fest im Alltagsdenken der damaligen Menschen verankert waren – und es in weiten Teilen auch heute noch sind –, ist davon auszugehen, dass sie dieses Gedankengut auch in den Umgang und in die Ausbildung ihrer Pferde einbezogen haben.

Das Geheimnis, das hinter dem Tao der Pferde steht, ist die Erkenntnis, dass *alles*, was wir wahrnehmen, und *alles*, was im gesamten Kosmos passiert, gleichzeitig und jetzt abläuft. Pferde scheinen das schon frühzeitig erkannt zu haben. In ihrer Wahrnehmung ist kein Platz für planvoll aufeinander aufbauendes Handeln mit eben oder gleich. Für sie existieren diese Begriffe nicht. Dazu ein Beispiel: Versuchen Sie einmal, die Kaffeetasse, die Ihnen eben vom Tisch gefallen und auf dem Küchenboden zersprungen ist, jetzt noch aufzuhalten. Sie hätten im *Jetzt*, im Moment des Hinunterfallens, reagieren müssen, um Scherben zu vermeiden.

Ebenso wenig nützt es einem Pferd in freier Natur, das von einem Beutegreifer angegriffen wird, im Moment des Angriffs zu analysieren, ob es besser nach links oder rechts flüchten soll. Es muss sich jetzt, im Moment des Angriffs, entscheiden. Gleich wäre zu spät!

Neben dem Aspekt, dass es Zeit und zeitliche Abläufe in unserem Sinne für Pferde nicht gibt, kommt im Taoismus noch eine weitere Komponente hinzu, die einen sehr starken Bezug zur Wahrnehmung der Pferde hat. Denn die Taoisten betrachten ihre Umwelt nicht als Summe aus einzelnen, klar voneinander abgrenzbaren Bestandteilen, sondern als Ergebnis einer stets sich wandelnden Konstellation zweier sich gegenseitig bedingender Urkräfte. Diese werden gemäß ihrem Wesen als die Kraft *Yang*, der schöpferische, aktive Teil des Universums, und als ausgleichende Kraft *Yin*, der passive, empfangende Aspekt allen Seins, gesehen. Erst das beständige Zusammenwirken beider Kräfte ist in der Lage, in einer Art Informationsmatrix eine ständig sich wandelnde Realität zu ergeben.

Die Tatsache, dass diese Sicht auf den Kosmos keine materielle Wahrnehmung ist, sondern sich auf die energetischen Zustände bei der Betrachtung der Dinge bezieht, ist ein weiteres Merkmal für die Übertragbarkeit dieser alten chinesischen Philosophie auf den Umgang mit dem Pferd. Auch aus Sicht der Pferde stellt sich die Welt allein als ein einziges Gefüge aus Informationen dar, wie ich im vorherigen Kapitel bereits ausgeführt habe.

Nach Ansicht der Taoisten verwirklicht jedes Ding und Wesen, auch unser Pferd, allein in den immerwährenden Wandlungen der Phänomene spontan seinen eigenen Weg, sein eigenes Tao.

Die Prinzipien des Taoismus laufen darauf hinaus, sich möglichst harmonisch in diesen Wandel einzufügen. Dem Tao entgegenwirken zu wollen, ist aus Sicht dieser Philosophie nicht nur unsinnig, sondern gleichsam unmöglich, weil sich alles Handeln innerhalb des umfassenden Prinzips von Yin und Yang bewegt und somit selbst Teil dieses Wandels ist.

Bezogen auf den Umgang mit Pferden liegt die große Kraft des Taoismus darin, die natürlichen, in jedem Moment von selbst ablaufenden Vorgänge dahingehend zu lenken, dass sich das Ergebnis – für den Moment – mit den Zielen und Erwartungen des Menschen deckt. Dieses Prinzip der Handlung ohne Kraftaufwand bezeichneten die chinesischen Philosophen als Wu Wei, als Tun durch Nicht-Tun.

Dieses Prinzip bedeutet im Umgang mit unseren Pferden aber nicht, die Hände in den Schoß legen zu können und darauf zu warten, dass sich der Trainingserfolg von allein einstellt. Im Gegenteil ist das Handeln im Nicht-Handeln eine ausgesprochen denkintensive Angelegenheit, die ein Höchstmaß an Konzentration des Menschen auf sein Pferd voraussetzt. Wer sich mit seinem Pferd nach den Prinzipien des Tao beschäftigen will, für den wird das Wu Wei ein ständiger Begleiter sein.

© Slawik

Achtsamkeit.
Eine alte chinsische Lebensweisheit sagt: Die Kunst besteht im Weglassen. Reduzieren Sie Ihr aktives Handeln bei der Arbeit mit Ihrem Pferd daher auf das Wesentliche.

I Ging – das Buch der Wandlungen

„Also auch der Berufene:
Er wendet sich zu dem zurück,
an dem die Menge vorübergeht.
Dadurch fördert er den natürlichen
Lauf der Dinge." (Laotse)

Das *I Ging* oder auch *Yi Jing* genannte Buch der Wandlungen gilt als das Universalwerk und Zentrum der chinesischen Philosophie des Tao. Seine Wurzeln reichen tief zurück in die chinesische Geschichte. So ließen sich erste Schriften dieses Buches bereits im zweiten vorchristlichen Jahrtausend finden. Seine Ausführungen waren die Grundlage sowohl für die Lehre des Tao nach dem Philosophen Laotse als auch Grundlage der Staatsphilosophie des Konfuzius.

In alten Zeiten war das *I Ging* zunächst eine Art Orakelbuch gewesen, in dem die chinesischen Priester und Gelehrten in einer für uns sehr blumig und fremd anmutenden und sehr bildhaften Sprache ihre Weissagungen und Ratschläge formulierten. Und obwohl das *I Ging* auf ein Alter von mehr als 4000 Jahren seit seiner Entstehung zurückblickt, ist es heute so aktuell wie einst und ist bis heute aus dem fernöstlichen Gedankengut und den chinesischen Weisheitslehren nicht mehr wegzudenken.

Die richtige Deutung seines Inhalts wurde schon zu Zeiten der chinesischen Kaiser als derart wichtig angesehen, dass die Texte des *I Ging* bis weit in die Neuzeit ein vorgeschriebener Studientext für die Beamtenprüfung an den Höfen der Herrschenden gewesen ist.

Als dieses Buch zu Beginn des 17. Jahrhunderts seinen Weg nach Europa fand, faszinierte es auch hier viele Denker und Philosophen. Der vielleicht bekannteste Verehrer des *I Ging* war der Philosoph und Universalgelehrte Gottfried Wilhelm Leibniz (1646 bis 1716), der aufbauend auf den philosophischen Grundlagen und Erkenntnissen dieses Werks die mathematische Methode der Integralrechnung entwickelte.

Die wohl bekannteste Übersetzung des *I Ging* ist bis heute die Bearbeitung durch den Stuttgarter Pfarrer, Missionar und späteren Professor für Asienkunde Richard Wilhelm (1873 bis 1930). Er übertrug nicht nur die Anweisungen dieses Buches ins Deutsche, sondern verfasste auch zu jedem darin beschriebenen Zustand eine entsprechende Deutung.

Warum sich das *I Ging* ausgesprochen gut für den Umgang mit Pferden eignet, liegt in der Weltanschauung seiner Verfasser begründet. Nach uralter Vorstellung der Schöpfer dieses Universalwerks ist die Welt ein komplexes Ganzes, innerhalb dessen sich nach bestimmten Gesetzmäßigkeiten ein ständiger Wandel vollzieht. Der Kernpunkt der Betrachtungen, der dieses Werk der Wahrnehmung von Pferden so außerordentlich nahebringt, ist die Tatsache, dass jede Situation nur nach ihrem Zustand im *Jetzt* betrachtet und bewertet wird. Da auch Pferde nach gängiger Einschätzung ausschließlich im *Jetzt* leben, lassen sich die Ausführungen dieses chinesischen Klassikers quasi eins zu eins auf den Umgang mit Pferden übertragen.

© Slawik

Weil sie keine spitzen Klauen oder scharfen Reißzähne haben, ist Flucht für Pferde in freier Natur die einzige Möglichkeit, einer Gefahr zu entkommen. Achtsamkeit ist für sie daher überlebenswichtig.

Ein weiterer Grund, sich hinsichtlich unserer Pferde näher mit diesem Buch zu befassen, ist die Tatsache, dass das *I Ging* mit seinen Aussagen der Wahrnehmung von Pferden sehr nahekommt. So gehen die Verfasser dieses Buches davon aus, dass für die Bereitschaft, sich dem steten Wandel der Natur anzupassen, immer das Bewusstsein der *Gefahr* notwendig ist. Und Pferde als Flucht- und Beutetiere empfinden dieses Bewusstsein ihr Leben lang sehr unmittelbar und direkt!

Und in gewisser Weise bietet das *I Ging* auch dem Reiter viele Tipps, sein Verhalten dem Pferd angemessen auszurichten. Legen doch seine Anweisungen dem Menschen bei allen Handlungen, die er in seinem Leben vornimmt, nahe, stets großen Wert auf Selbstkritik zu legen. So heißt es in einem Abschnitt etwa: *„So wendet sich der Edle seiner eigenen Person zu und bildet seinen Charakter.“*

Der Kommentar des eingangs bereits erwähnten Übersetzers Richard Wilhelm lautet dazu folgendermaßen: *„Schwierigkeiten und Hemmnisse werfen den Menschen auf sich selbst zurück. Während der Gemeine die Schuld draußen bei anderen Menschen (hier also bei dem Pferd, Anm. d. Verf.) sucht, ... sucht der Edle den Fehler in sich selbst, und durch dieses In-sich-Gehen wird die äußere Hemmung für ihn ein Anlass innerer Bereicherung und Bildung.“*

Das *I Ging* sagt

„Kleine Beharrlichkeit bringt Heil,
große Beharrlichkeit Unheil.“

Um sich dem Wandel der Zeit, hier den wechselnden Anforderungen während des Zusammenseins mit dem Pferd, etwa während einer Reitstunde oder einem Geländeausritt anzupassen, lassen sich die Aussagen des *I Ging* dahingehend deuten, stets eine ausgeglichene, dauerhafte Position der Mitte zu finden, die einen fortwährenden Ausgleich zwischen den Extremen sucht. Das gilt sowohl in geistiger als auch in körperlicher Hinsicht. Da eine ausbalancierte innere wie äußere Haltung der Schlüssel für die erfolgreiche Arbeit im Sattel oder am Boden ist, habe ich diesem Thema ein eigenes Kapitel gewidmet.

Im Buch *I Ging* ist immer wieder die Rede davon, *„Beharrlichkeit zu üben“*. Diese darf aber nicht mit dem Begriff der Sturheit in Verbindung gebracht werden. Hierbei geht es immer darum, bei einer Handlung das angepeilte Ziel und somit den höheren Sinn dieser Handlung nicht aus den Augen zu lassen. Möchte ich ein Pferd an eine neue Lektion heranführen, muss ich mein angestrebtes Ziel derart verfolgen, dass ich mich in fördernder Weise an den äußeren Umständen, also Alter und Ausbildungsstand des Pferdes, anatomisch bedingte Einschränkungen, Lernvermögen und so fort, orientiere. Konkrete Vorgehensweisen zu dieser sehr dynamischen Arbeits- und Ausbildungsweise finden Sie in den Kapiteln „Mit dem Tao in den Sattel“ und „Das Tao an der Longe“.

„Also auch der Berufene:
Er wünscht Wunschlosigkeit.
Er hält nicht wert schwer zu erlangende Güter.
Er lernt das Nichtlernen.
Er wendet sich zu dem zurück,
an dem die Menge vorübergeht.
Dadurch fördert er den natürlichen Lauf der Dinge.
Und wagt nicht zu handeln.“ (Laotse)

Ganz verblüffende Einsichten ergeben sich beim Studium des *I Ging* im Hinblick auf die wechselnden Konstellationen zwischen Pferd und Reiter, wenn man die in den Texten gebrauchten Bezeichnungen „der Edle“ und „der Gemeine“ ganz wertfrei für sich selbst mit „der Reiter“ (= der Edle) und „das Pferd“ (= der Gemeine) übersetzt.

So würde ein derart abgewandelter Satz des *I Ging* etwa lauten: „Das Pferd wirkt durch Macht, der Reiter wirkt nicht so …“ Was hinter dieser rätselhaften Ausführung steckt, verrate ich Ihnen im Kapitel „Führen – aber richtig“ …

Achtsamkeit – Eine Geschichte zum Nachdenken

„Also auch der Berufene:
Er ist Vorbild, ohne zu beschneiden.
Er ist gewissenhaft, ohne zu verletzen.
Er ist echt, ohne Willkürlichkeiten.
Er ist licht, ohne zu blenden.“

(Laotse)

Diese Geschichte spielt irgendwo im alten China und handelt von den Erfahrungen eines erfolgreichen Händlers auf seinem Weg zu einem berühmten Lehrer. Aber lesen Sie selbst, und überlegen Sie dabei, ob Sie die beiden handelnden Personen auch auf sich und Ihr Pferd übertragen können:

Ein erfolgreicher Seiden- und Gewürzhändler hatte eine Begegnung mit dem gelehrten und weisen Ban Cai.
Es war Frühling.
Sie unterhielten sich gut, das heißt, genauer gesagt, Rin Shan, der Händler, sprach viel und freudig und stolz.
Ban Cai lächelte, und manchmal nickte er.
Einmal sagte er *„Oh“*.
Rin Shan genoss dieses gute Gespräch.
Dann sagte er: *„Ban Cai, du bist ein berühmter Lehrer. Du hast am Hofe der Tang gelehrt, und viele vertrauen deiner Lehre und Führung. Was würdest du mir beibringen, wenn ich dein Schüler sein wollte?“*
Ban Cai sprach jetzt zum ersten Mal; aber er sprach sogleich und ohne Zögern: *„Rin Shan, achte auf deinen Weg, wenn du zu mir kommst. Du wirst mich finden.“*
Die Jahreszeiten hatten zweimal gewechselt, als der erfolgreiche Rin Shan zu Ban Cai fand.

Das Verweilen der Gedanken im Moment der Gegenwart wird in der menschlichen Wahrnehmung und Kommunikation heutzutage weitgehend ausgeblendet. Man spricht über „eben" und „gleich", „Gestern" und „Heute". Pferde dagegen leben und kommunizieren ausschließlich im *Jetzt*.

Ban Cai hatte Tee bereitet und war glücklich, heute das Zeremoniell für Rin Shan zu gestalten. Sie tranken Tee nach alter Sitte und Moral. Nach dem vierten Schluck nahm Ban Cai seinen Stock in die linke Hand. Er hielt ihn waagerecht und genau in der Mitte.
„Rin Shan, welches Stockende werde ich in die rechte Hand nehmen?"
Was sollte er sagen? Er wusste es nicht. Aber er hätte es wissen können.
„Rin Shan, wo stand die Tasse Tee, von der du getrunken hast, bevor ich sie dir bot?"
Was sollte er sagen? Er wusste es nicht. Aber er hätte es wissen können.
Ban Cai schlug mit dem Bambusstock auf den Boden.
Er sprach kurz und laut.
„Rin Shan, als du durch diese Tür kamst, hast du mit deinem Gewand den Türrahmen berührt.
An welcher Seite geschah das?"
Der Stock schlug auf den Boden, etwas kräftiger jetzt.
„Hinter dir stehen Blütenzweige. Was für welche sind das?

Du kennst sie gut.“
Rin Shan war verwirrt.
Der Bambusstock schlug nochmals, jetzt kräftiger.
„Du sitzt auf einer Seidenmatte. Erzähle von dem Muster und der Farbe. Es ist sehr schön.“
Rin Shan blickte nach unten, und – er saß sich selbst im Weg.
Der Stock schlug deutlich auf: *„Rin Shan, was war dein letzter Satz, den du sagtest eben noch zu mir? Warum bist du gekommen?“*
Ban Cai war ruhig. Er hielt den Stock waagerecht in der Mitte.
Er sah Rin Shan an. Herzlich. Gütig. Ehrlich.
Und er sprach zu ihm:
„Der Weg von der Tür zu mir ist acht Schritte.
Dieser Raum hat vier Wände.
Ich habe seit zwanzig Jahren diesen einen Stock.
Hier gibt es nur einen Blütenzweig.
Die Matte, auf der du sitzt, habe ich auch für dich gewoben.
Die Tassen stehen immer an der gleichen Stelle.
Rin Shan – achte auf deinen Weg!
Diese acht Schritte waren ein Teil deines Weges, den du bisher gegangen bist.
Was alles war bisher?
Achtsamkeit ist das, was ich dich lehre. Achtsamkeit. Sei achtsam!
Nachdem dein Atem in dich hineingeströmt ist, und bevor er aufsteigt, achte die Wohltätigkeit. Betrachte eine Schale, ohne die Ränder oder das Material zu sehen.
Begib dich hinein in den Klang deines Namens.
Sei achtsam.“
Ban Cai verbeugte sich zu Rin Shan.
„Gehe jetzt acht Schritte achtsam.
Rin Shan, wenn du diesen Raum verlässt, gehe acht Schritte achtsam.“

An dieser Stelle verlassen wir die Geschichte von Rin Shan und Ban Cai.
Übrigens: Zu welcher Jahreszeit haben sich Ban Cai und Rin Shan getroffen?
(Frei nach: *Korai :* Tiefe Seele, weites Herz. Geschichten zur Weisheit Vol.1. CO’MED Verlag Hochheim)

An dieser Stelle möchte ich mit Ihnen eine erste kleine Übung machen, die sich auf die vorherige Geschichte bezieht. Stellen Sie sich bitte folgende Situation vor:

Sie kommen auf die Weide, um Ihr Pferd zum Reiten in den Stall zu holen und um es dort zu putzen und zu satteln. Es ist später Nachmittag. Ihnen begegnet folgendes Bild:

Was sehen Sie?
Wahrscheinlich werden Sie antworten: „Zwei Pferde im Schnee. Was sonst?"

Um Ihnen zu zeigen, was ich meine, mache ich es kurz vor: Ich sehe zwei Pferde unterschiedlicher Größe im Schnee. Es ist schon dämmrig. Das kleinere Pferd frisst, das größere döst. Es ist sehr kalt. Die Bäume im Hintergrund bieten keinen Schutz mehr, Wind kommt von der offenen linken Seite auf. Die Kälte des Schnees durchdringt meine Stiefel.

Das größere Pferd scheint für den Moment satt zu sein, es ruht und sucht kein Gras unter dem Schnee. Der Wind hat eine Schneeflocke genau in mein Gesicht geweht, es ist ein kalter Stich, und er tut weh.

Tao – ganz praktisch.

Um sich in ersten kleinen Schritten mit den Prinzipien des Tao vertraut zu machen, empfiehlt sich auch folgende, leicht in den Alltag zu integrierende Übung: Versuchen Sie auf einem Spaziergang, sich für einen Moment der Achtsamkeit dem „Jetzt" hinzugeben. Nehmen Sie sich dafür etwa vor, die nächsten zehn Meter Ihres Weges *achtsam* zu gehen. Was war alles auf dieser Strecke links und rechts am Wegrand wahrzunehmen?

So, jetzt sind Sie dran. Versuchen Sie einmal, das hier gezeigte Bild nach der oben genannten Methode zu beschreiben, indem Sie eine möglichst umfassende, ganzheitliche Interpretation dieser Szene vornehmen. Versuchen Sie dabei nicht, das Verhalten der Pferde zu interpretieren, sondern machen Sie sich nur klar, was Sie tatsächlich sehen und was das Gesehene in diesem Moment für die Pferde bedeutet.

Diese kleine Übung soll Ihnen eine Hilfestellung sein, das Tao der Pferde im Alltag sinnvoll anzuwenden. Machen Sie es sich zur Gewohnheit, dieses achtsame Wahrnehmen auf die gesamte Zeit anzuwenden, in der Sie mit Ihrem Pferd zusammen sind. Das wird zu Beginn zunächst vielleicht etwas ungewohnt sein und bedarf der Übung. Aber je länger Sie Ihre Wahrnehmung schulen, desto leichter fällt es Ihnen, im Sinne des Tao der Pferde achtsam mit Ihrem vierbeinigen Freizeitpartner umzugehen.

Versuchen Sie bei der Wahrnehmung dieses Bildes, sich durch den Gesichtsausdruck der beiden Reiter oder der Pferde von der Jetzt-Interpretation dieses Bildes ablenken zu lassen. Berücksichtigen Sie nur, was Sie wahrnehmen.

- Gibt es Wolken am Himmel?
- Welche Farbe hat das Gras, ist es immer die gleiche Farbe?
- In welche Richtung vom Betrachter aus bewegen sich die Vier?

Versuchen Sie nun, aus der Summe der von Ihnen wahrgenommenen Details ein Gesamtbild dieser Szene im Jetzt zu bilden. Fühlen Sie, was ich meine?

Versuchen Sie, dieses Bild nur für den Moment und im Hier und Jetzt auf sich wirken zu lassen. Wie empfinden Sie diese Situation, und wie fühlen Sie sich dabei?

Das Jetzt üben

„Des Berufenen Sinn ist wirken, ohne zu streiten."

(Laotse)

Wie ich schon in den vorangegangenen Kapiteln ausgeführt habe, ist das ausschließliche Wahrnehmen im *Jetzt* eine Grundvoraussetzung für die erfolgreiche Anwendung der Prinzipien des Taoismus an Ihrem Pferd.

Vergegenwärtigen Sie sich dabei immer, dass nicht nur das Pferd, sondern auch Sie und wir alle ausschließlich im *Jetzt* handeln können. Wir können weder eine vergangene Handlung, wie zum Beispiel eine soeben erfolgte falsche oder ungerechtfertigte Korrektur unseres Pferdes, etwa während einer Dressur- oder Springübung, rückgängig machen, noch ist es uns möglich, im *Jetzt* eine noch bevorstehende Handlung, etwa eine Unachtsamkeit durch ein überraschendes Handyklingeln, zu beeinflussen. Die einzige Möglichkeit, die uns im *achtsamen* Umgang mit unserem Pferd bleibt, ist das bewusste Wahrnehmen des *Jetzt* und damit verbunden das Verweilen unserer Aufmerksamkeit auf den stetig sich neu ergebenden Anforderungen für den Moment des Geschehens.

Die Welt mit Pferdeaugen sehen

Der Weg zur erfolgreichen Kommunikation mit dem Pferd führt ausschließlich über die Pferdewahrnehmung. Daher ist es wichtig, die eigene, nach rein menschlichen Maßstäben ablaufende Wahrnehmung der Sichtweise des Pferdes anzupassen. Dabei kann uns das Tao der Pferde sehr wertvolle Dienste leisten, wie wir gleich sehen werden.

Probieren Sie einmal, Ihre Umwelt mit „Pferdeaugen" zu sehen, auch wenn Sie das nur teilweise umsetzen können. Denn Pferde sind in weit größerem Maße „Formenseher" als wir Menschen. Als Fluchttiere sind sie in jedem Moment darauf angewiesen, selbst kleinste Veränderungen in ihrer Umwelt unmittelbar wahrzunehmen und darauf zu reagieren.

Auch sollten Sie sich bei diesem Experiment vergegenwärtigen, dass sich die Pferdeaugen seitlich am Kopf der Tiere befinden, was ihnen ein anderes Blickfeld ermöglicht als uns Menschen. Die seitliche Anordnung der Augen ergibt für das Fluchttier Pferd Sinn, da es mit einem weiten Blickfeld das Herannahen von Fressfeinden schon sehr rechtzeitig erkennen und sich der Gefahr durch Flucht entziehen kann. Perfektioniert wird das Frühwarnsystem der Augen durch die längliche Form der Pupillen, die es ermöglicht, selbst große Flächen mit einem kurzen Blick zu erfassen.

Die Welt mit Pferdeaugen zu sehen, meint vielmehr, einen Gegenstand in Ihrer Umgebung so zu erfassen, dass Sie nur seinen Sinn und seinen Informationsgehalt wahrnehmen, ohne ihn zu interpretieren. Sehen Sie beispielsweise eine hölzerne Parkbank im Gelände, versuchen Sie nicht, diesen Gegenstand spontan als „Sitzmöbel zum Ausruhen" zu bewerten, sondern reduzieren Sie die Wahrnehmung dieser Bank auf die Information „hölzerner, merkwürdig geformter Gegenstand", so wie es ein Pferd tun würde. Blenden Sie dabei Empfindungen wie gleich oder eben aus, und bleiben Sie nur im Hier und Jetzt.

Üben Sie diese Form der Spontanwahrnehmung aus Sicherheitsgründen zunächst ohne Pferd und in einer ruhigen, sicheren Umgebung. Denn dieser Betrachtungszustand ähnelt in gewisser Weise der Versunkenheit bei einer Meditation oder der Kontemplation und reduziert anfangs möglicherweise die Fähigkeit zur schnellen Reaktion. Das Ausblenden des Gleich und Eben verlangt sehr viel Konzentration.

Um Ihnen eine Hilfestellung bei dem zu geben, was ich mit Spontanwahrnehmung meine, möchte ich Sie mit einer kleinen Übung vertraut machen, die ich auch immer auf meinen Kursen einsetze, um meine Kursteilnehmer auf die Art und Weise der Wahrnehmung ihrer Pferde einzustimmen.

© Slawik

Mit achtsamer Wahrnehmung erfassen Pferde selbst kleinste Veränderungen in ihrer Umwelt. In freier Natur überlebenswichtig, führt diese intensive Achtsamkeit auch unter menschlicher Obhut und in sicherer Umgebung zu manch unerwarteter Reaktion.

Die eigene Wahrnehmung schulen

Wichtig ist es dabei zu begreifen, dass das Wesen von Form und Energie im Moment des Jetzt im Grunde das Gleiche ist. Stellen Sie sich einmal Begriffspaare vor, die sich einander ergänzen und die ohneeinander nicht existieren können. Es handelt sich dabei um Begriffspaare wie hell und dunkel. Es gibt den Zustand hell nur, weil gleichzeitig das Dunkel existiert. Würde es dunkel nicht geben, gäbe es auch keinen Zustand, aus dem heraus sich hell definieren ließe, weil die gegenseitige Abgrenzung zueinander fehlt.

Aus der Sichtweise des Tao heraus gibt es Berge nur, weil sie von Tälern umgeben sind, und Täler können nur existieren, wenn es Berge um sie herum gibt.

Weitere Begriffspaare sind etwa heiß und kalt, hoch und tief oder trocken und nass. Sie werden nur Begriffspaare finden, die in ihrem Bezug aufeinander in einem dynamischen Verhältnis stehen und nie starr miteinander verbunden sind.

Gehen wir einen Schritt weiter: Suchen Sie nach *gegenständlichen* Begriffen, die einander bedingen. Sie werden feststellen, dass Sie hierfür nur Begriffspaare finden werden, die sich aus einer dynamischen Sichtweise heraus voneinander abgrenzen lassen. Um zu verdeutlichen, was ich damit meine, möchte ich Sie bitten, sich eine Gebirgslandschaft vorzustellen, mit hohen schneebedeckten Gipfeln und weiten tiefen Tälern. Gehen Sie in Gedanken durch diese Landschaft, und versuchen Sie festzustellen, wann ein Tal zu Ende ist und ein Berg beginnt.

Das Buch *I Ging* sagt

„So geht der Edle (= der Reiter) mit seinen Gedanken nicht über seine Lage hinaus."

Sie werden schnell merken, dass eine eindeutige Abgrenzung von einem Berg gegen ein Tal schier unmöglich ist. Denn Berg und Tal bedingen sich gegenseitig und sind nur in Bezug aufeinander möglich. Anders ausgedrückt: Einen Berg gibt es nur, weil er ringsherum von Tälern umgeben ist, ebenso wie das Tal nur deshalb existiert, weil es rundherum durch Berge begrenzt wird. Selbst bei den Begriffen Hochebene oder Tiefebene funktioniert diese Abgrenzung nur, wenn es einen Bezugspunkt gibt, der im Fall der Hochebene ein tieferes Niveau aufweist oder im Fall der Tiefebene auf ein höher gelegenes Niveau ansteigt.

Mit dieser Erkenntnis gerüstet können Sie einmal versuchen, Ihre unmittelbare Umgebung auf den energetischen Bezug der Gegenstände untereinander hin wahrzunehmen. Diese Art der Wahrnehmung bedingt automatisch eine gesteigerte Sensibilität gegenüber dem Wahrgenommenen. Und das ist der Punkt, an dem sich Ihre Wahrnehmung mit der Ihres Pferdes zu decken beginnt.

Beachten Sie im Umgang mit Ihrem Pferd, dass Pferde immer auf der Ebene ihres Gegenübers reagieren. So wird ein grober Umgang und der Einsatz physischer Gewalt immer mit entsprechenden physischen Gegenreaktionen beantwortet. Eine für das Pferd unverständliche Handlung von Ihnen, eine fehlerhafte Informationsübermittlung, wird es auch auf dieser Informationsebene beantworten, entweder durch Kontaktabbruch oder durch einen sonstigen Aufmerksamkeitsentzug.

Dabei kann unter unverständlicher Handlung für das Pferd auf der Informationsebene auch das unbewusste Verrutschen des Sitzes im Sattel und das damit verbundene Verlagern der Balance verstanden werden. Da gerade die Balance im Tao der Pferde eine überaus wichtige Rolle spielt, habe ich diesem Thema ein eigenes Kapitel gewidmet.

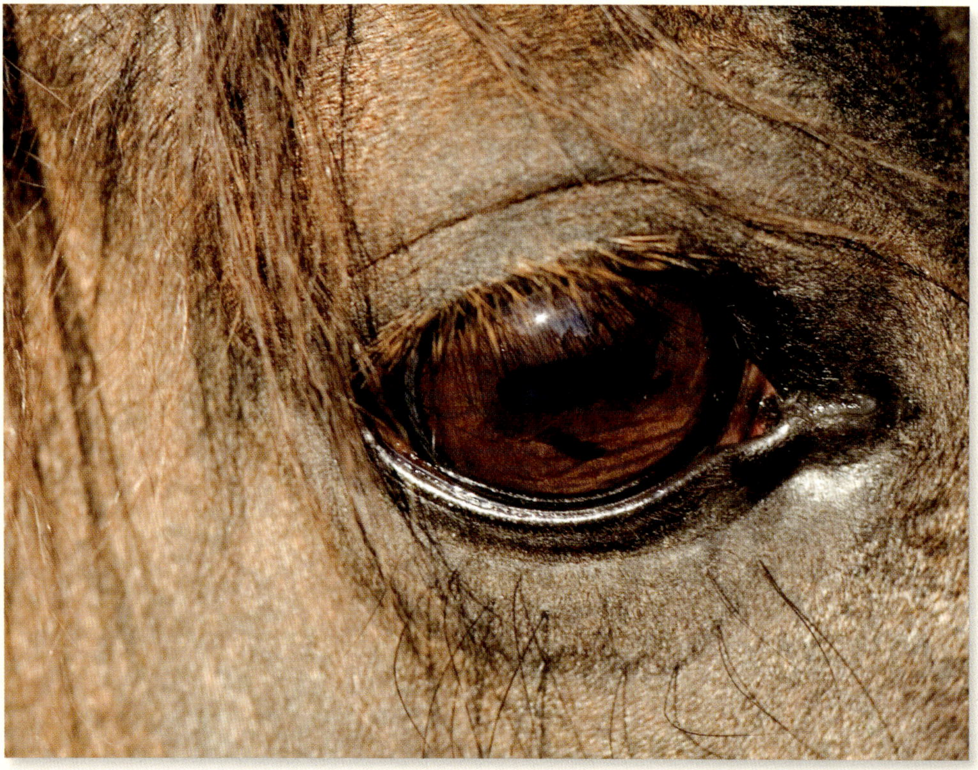

Achtsamkeit: Die Wahrnehmung von Pferden nachzuvollziehen, bedingt das völlige Aufgeben der Sichtweise gewohnter, zeitlich geordneter Abläufe und Zusammenhänge. Menschen verlangt das Leben im Jetzt anfangs ein Höchstmaß an Konzentration ab, und kostet ordentlich „Hirnschmalz".

Das Gleichnis der „Wundersamen Katze"

Die Bedeutung dieser energetisch orientierten Sichtweise des Taoismus spiegelt sich schon in den Erkenntnissen der taoistischen Philosophen längst vergangener Zeiten. Eine alte Überlieferung des Zen-Fechtmeisters Ito Tenzaa Chuya aus dem frühen 17. Jahrhundert, die als Übungsanweisung für seine Schüler gedacht war, erschließt uns auch ein wenig mehr die Bedeutung des Tao für den Umgang mit dem Pferd.

Ito erzählt: „Im Hause eines alten Fechtmeisters trieb einst eine große Ratte ihr Unwesen. Da sie sich mit der Zeit immer dreister aufführte und bald sogar am helllichten Tage durch die Zimmer spazierte, schloss der Meister eines Tages den Raum, in dem sich die Ratte gerade aufhielt, zu. Schnell befahl er seiner Katze, die Ratte zu erlegen. Die Katze mühte sich auch redlich, aber die freche Ratte sprang ihr ins Gesicht und richtete sie arg zu.

Das ärgerte den Meister sehr, und er holte einige andere Katzen aus der Nachbarschaft in sein Haus, die sich schon als erfahrene, kampferprobte Rattenjäger erwiesen hatten. Aber auch ihnen erging es nicht anders als der braven Hauskatze, und alle ihre erprobten Fangkünste waren nutzlos. Die Ratte sprang ihnen ins Gesicht, biss sie und jagte eine nach der anderen aus dem Zimmer.

Da geriet der Meister in Wut und versuchte selbst, mit seinen Fechtkünsten die Ratte zu erlegen. Aber auch ihm erging es nicht besser als den Katzen, sosehr er sich auch bemühte.

So beratschlagte er sich mit seinem Diener. Dieser berichtete von einer alten Katze, die die tüchtigste Rattenfängerin der ganzen Welt sein solle. Sie wurde herbeigeholt und in das Zimmer mit der Ratte gelassen. Insgeheim traute der Meister dieser alten Katze keine besonderen Fähigkeiten zu, sie unterschied sich in nichts von den anderen Katzen. Neugierig verfolgte er, was nun geschah. Die Katze ging ruhig und gelassen in das Zimmer, als ob sie gar nichts Besonderes erwartete.

Zur großen Überraschung des alten Meisters aber zuckte die Ratte plötzlich zusammen und rührte sich nicht von der Stelle. Die alte Katze ging einfach auf sie zu, packte sie und kam mit der Ratte im Maul aus dem Zimmer heraus, als ob nichts gewesen wäre.

Am Abend versammelten sich die geschlagenen Katzen im Haus des Fechtmeisters um die wundersame Katze herum, um sie nach ihrem Geheimnis zu fragen. Jede einzelne Katze erzählte von ihrem Versuch, die große Ratte zu fangen. So berichtete eine große, grau getigerte Katze: ‚Bisher habe ich alle erfolgreichen Fänge meiner akrobatischen Technik zu verdanken, die ich seit meiner Kindheit jeden Tag trainiere. Keine Maus, keine Ratte konnte sich mir bisher widersetzen. Aber bei dieser Ratte versagte meine Kunst.'

Die alte Katze antwortete: ‚Worin du dich geübt hast, ist nur Technik. Dein Geist aber ist besetzt von der Frage, wie du gewinnst. So haftest du ja noch am Zielen und kannst die Aktion nicht zu Ende bringen.'

Jetzt schob sich ein großer, schwarzer Kater nach vorn und sprach: „Ich meine, es kommt nur auf die Stärke des Geistes an, um zu siegen. Daher habe ich mich in dieser Kraft geübt. So empfinde ich meinen Geist als stahlhart und frei. Sehe ich einen Feind, hat ihn mein allgewaltiger Geist schon erfasst. Dann gehe ich so vor: Ich richte mich nach dem Wesen des Gegners und banne ihn, wie es mir beliebt. Die Technik kommt dabei von allein. Eine Ratte, die über einen Balken läuft, starre ich nur an, schon fällt sie herab und ist mein. Aber diese geheimnisvolle Ratte, die mich so schmählich geschlagen hat, kam ohne Gestalt und ging ohne Spur. Das verstehe ich nicht.'

Darauf entgegnete die alte Katze: ‚Der Geist, um den du dich bemüht hast, ist doch nur eine psychische Kraft. Dass du dir dieser Kraft, mit der du siegen möchtest, derart bewusst bist, steht dem Siegen entgegen. Dein Ich ist im Spiel. Was aber, wenn das Ich deines Gegners stärker ist?'

Nun meldete sich eine ältere, graue Katze zu Wort: ‚Ich versöhne mich mit dem Gegner, werde eins mit ihm und widersetze mich ihm überhaupt nicht. Ist der Gegner stärker als ich, so gebe ich einfach nach. Meine Kunst ist es, einen fliegenden Kieselstein in einem losen Vorhang aufzufangen, ohne dass er zerreißt. Eine Ratte, die mich angreift, findet nichts vor, worauf sie sich stürzen könnte. Aber die Ratte von heute ging nicht auf mein Spiel ein. Sie kam und ging, unfassbar wie Gott.'

Die alte wundersame Katze sagte darauf: ‚Deine künstliche, gestellte Versöhnlichkeit kommt nicht aus deinem Wesen, aus deiner Natur. Was immer du mit bewusster Absicht tust, schränkt die ursprüngliche, aus dem Verborgenen wirkende Schwingung des großen Ganzen ein. Nur wenn man an nichts denkt, wenn du nichts machst, als dich mit deinen Bewegungen den Schwingungen deines Wesens zu überlassen, hast du keine greifbare Form mehr, und es kann somit auch keine Gegenform geben und somit auch keinen Feind, der dir widerstehen kann.'

Tao

Und dann sagte die alte Katze zu allen, die ihr zuhörten: ‚Ich bin nicht der Meinung, dass alles, worin ihr euch geübt habt, zwecklos sei. Alles kann eine Weise des Weges sein. Auch Technik und Tao können ein und dasselbe sein. Es kommt nur auf eines an: dass kein Hauch von Ich-Bewusstsein mehr im Spiel ist. Nur wenn du wandelst, ohne zu handeln, ohne Absicht und Tricks, im Einklang mit dem großen Ganzen, bist du auf dem rechten Weg. So lasse man jegliche Absicht, übe sich in der Absichtslosigkeit und lasse es einfach aus dem Wesen heraus geschehen.'

Aber dann fügte die wundersame Katze noch etwas Erstaunliches hinzu: ‚Ihr müsst nicht glauben, dass das, was ich tue, das Höchste ist. In meinem Nachbardorf lebte ein alter Kater, der schlief den ganzen Tag. Etwas, das an ihm nach besonderer geistiger Kraft aussah, war nicht an ihm zu bemerken. Niemals hat man gesehen, dass er eine Ratte gefangen hätte. Aber wo er war, gab es ringsherum keine Ratten. Und wo immer er auftauchte oder sich niederließ, war weit und breit keine Ratte zu sehen.'" (Frei nach Karlfried Graf Dürckheim: *Die wundersame Katze und andere ZEN-Texte.* Copyright by O. W. Barth Verlag 2011, Bern und München.)

Übertragen wir diese alte Erzählung des Fechtmeisters auf den Umgang mit dem Pferd, zeigt sich, dass wir viel von der alten Katze lernen können. Vielleicht lesen Sie sich diese Geschichte noch einmal durch, und ersetzen Sie dabei die Ratte durch Ihr Pferd, von dem Sie in einer bestimmten Situation gerade etwas möchten. Überlegen Sie, welches Verhalten der Katzen aus der Erzählung Ihrem Handeln am nächsten kommt und wie die wundersame alte Katze dieses Handeln kommentiert.

Stellt sich dabei heraus, dass Sie der „Techniker" sind, der beim Training seines Pferdes mit viel Geräteeinsatz und Hilfsmitteln auskommt, sollten Sie versuchen, Ihr Verhalten gemäß dem Ratschlag der alten Katze zu überdenken und neu auszurichten. Stellen Sie nicht das Ziel, etwa das ständige perfekte Funktionieren einer eingeübten Dressurlektion, in den Vordergrund, sondern lassen Sie sich auf den Weg dahin als das Ziel ein. Das gedankliche starre Haften am Ziel lässt sich etwa mit der Situation beim Bogenschießen vergleichen – der Schütze hat ständig die Mitte der Zielscheibe vor Augen, aber er lässt vor lauter Anspannung den Pfeil nicht von der Sehne schnellen.

Wird das Tao der Pferde richtig verstanden und angewendet, könnten solche Situationen gar nicht entstehen. Das Prinzip des Tao besagt, dass der Mensch nicht durch eigenen Aktionismus, sondern durch das Geschehen-Lassen (chinesisch: Wu Wei) handeln soll.

Stellen Sie sich folgende Situation vor: Sie haben sich bei einem Turnier zu einer Prüfung gemeldet, für die Sie mit Ihrem Pferd wochenlang hart trainiert haben. Jetzt sind Sie auf dem Abreiteplatz und bereiten Ihr Pferd auf die bevorstehende Prüfung vor. Es ist früh am Morgen, und vielleicht haben Sie in der Nacht zuvor schlecht geschlafen, weil Sie vor Aufregung kaum ein Auge zubekommen haben.

Das Buch *I Ging* sagt

„Beim Vorgehen und Rückweichen ist fördernd die Beharrlichkeit eines Kriegers."

Gleich in der Prüfung muss alles perfekt sein. Aber beim Lösen Ihres Pferdes auf dem Abreiteplatz will heute nichts funktionieren. Ihr Pferd ist steif wie ein Holzklotz, seine Gänge eckig und hart, und auch Ihre Hilfen kommen nicht richtig durch.

Ihrem Pferd geht es ganz ähnlich. Die Anreise im Hänger war unbequem, die morgendliche Fütterung an diesem Tag viel zu früh, und Sie sind aufgrund Ihrer Nervosität vor der Prüfung nicht so konzentriert bei der Sache wie sonst. Ihre Hilfen kommen zu hart und tun dem Pferd weh, der Sattel drückt, und Sie sind unmerklich aus der Balance geraten und sitzen im Sattel auf einer Seite zu tief ein, was jedes Mal einen schmerzhaften Druck auf den Pferderücken zur Folge hat.

„Bambus, der sich nicht im Wind biegt, zerbricht". Diese alte chinesische Weisheit gilt auch im Umgang mit unseren Pferden.

Betrachtet man die Ausgangslage im Ganzen, genügt jetzt ein winziger Funke, etwa ein unbedachter Reiterfehler oder ein versehentliches Stolpern des Pferdes, um die Situation für Pferd und Reiter vollends eskalieren zu lassen. Um aber in einer derart verfahrenen Lage nicht erst in einen sinnlosen Streit mit Ihrem Pferd zu geraten, ist es sehr hilfreich, sich folgendes Bild aus einem Satz des Buches *I Ging* vor Augen zu führen:

„Der Gemeine wirkt durch Macht, der Edle wirkt nicht so. Ein Ziegenbock stößt im Zorn gegen eine Hecke und verwickelt darin seine Hörner.“

Verhalten Sie sich jetzt nicht wie der zornige Bock aus dem erwähnten Zitat – es würde zu nichts führen. Versuchen Sie besser, den negativen Reaktionen des Pferdes auf Ihre Unzufriedenheit zu begegnen wie eine Hecke. Die Hörner des Ziegenbocks verfangen sich darin und stoßen ins Leere. Ebenso sollten Sie Missfallensreaktionen Ihres Pferdes derart begegnen, als dass Sie diese einfach ins Leere laufen lassen. Nehmen Sie zum Beispiel einen ärgerlichen „Hopser“ für den Moment hin. Versucht das Pferd, sich in seinem Zorn den Zügelhilfen zu entziehen, indem es immer fester daran zieht, geben Sie für den Moment nach. Normalerweise „sitzt“ die Lektion ja bei Ihrem Pferd, schließlich haben Sie lange und hart genug trainiert.

Tao – ganz praktisch.

Nehmen Sie sich einmal die Zeit, und beobachten Sie einen Grashalm oder einen Zweig am Ast eines Baumes, der sich ganz harmonisch im Rhythmus des Windes biegt. Gelingt es Ihnen, Ihre Wahrnehmung der Windböen mit den Bewegungen des Grashalms, des Zweiges in Übereinstimmung zu bringen?

Verfahren Sie bitte genauso mit Handlungen, die sich aufgrund Ihrer Nervosität negativ auf Ihr Pferd auswirken – lassen Sie auch diese ins Leere laufen und handeln Sie somit durch Wu Wei, durch Nicht-Handeln.

Auch in dieser Situation sollte Ihnen wieder die chinesische Weisheit vor Augen stehen: *„Der Bambus, der sich nicht im Wind biegt, zerbricht.“*

Ruhe in der Bewegung

Im Buch *I Ging* lesen wir den Satz: *„In der Bewegung liegt Ruhe."* Welche Bedeutung dieser Satz für das Reiten und den Umgang mit dem Pferd nach den Prinzipien des Tao hat, wird sehr schnell deutlich, wenn wir die beiden Begriffe Ruhe und Bewegung einmal unter dem Blickwinkel des einander bedingenden Ganzen betrachten. Wenn wir uns das Beispiel der Abgrenzung von Berg und Tal aus dem Kapitel „Die Welt mit Pferdeaugen sehen" vor Augen halten, wird deutlich, dass Ruhe nach der Auffassung des *I Ging* ein Zustand ist, der nur als Gegenstück zum Zustand der Bewegung existieren kann.

Fließende Energie im Sattel. Gerät sie aus dem Gleichgewicht, ist es mit der Balance, der Konzentration und der Aufmerksamkeit von Ross und Reiter schnell vorbei.

Soll das System Reiter/Pferd eine in sich stimmige, ausbalancierte Einheit bilden, muss das Verhältnis der eingesetzten Energie Ihres Pferdes und Ihre eigene Energie in Einklang und Übereinstimmung gebracht werden. Das bedeutet, je mehr Bewegung und Aktion Sie von Ihrem Pferd fordern, desto ruhiger müssen Sie selbst auf dem Pferd werden, sowohl in gedanklicher Hinsicht als auch in Bezug auf die Intensität Ihrer Hilfengebung.

Um dieses abstrakte Bild mit Leben zu füllen, stellen Sie sich bitte zunächst ein träges, sehr triebiges Pferd vor, das Sie voranreiten sollen. Ein außenstehender Betrachter dieser Szene wird die von Ihnen eingesetzte Energie wahrscheinlich sehr schnell und sehr deutlich erkennen.

Haben Sie jedoch ein Pferd unter dem Sattel, das seine Energie in Ihrem Sinne einsetzt, schon auf kleinste Hilfen feinfühlig und willig reagiert und auch mit seiner mentalen Energie, mit seiner Konzentrationsleistung, voll bei der Sache ist, wird derselbe Betrachter ihre eingesetzte Energie hinsichtlich Hilfengebung und Körpereinsatz kaum erkennen.

Das Wechselspiel der fließenden Energien in einem System aus Ruhe und Bewegung zeigt sich sehr deutlich in einem einfachen Beispiel: Bei Dressurvorführungen der Klassen „S“ und aufwärts bewundern wir immer wieder die scheinbare Mühelosigkeit, mit der der Reiter sein Pferd durch die Prüfung führt. Wir sehen im Idealfall keine einzige Bewegung des Reiters, und das Gesamtbild der Darbietung ist geprägt von Leichtrittigkeit und Harmonie. Das Pferd vermittelt den Eindruck von Bewegung, Kraft und Dynamik, der Reiter strahlt absolute Ruhe und Gelassenheit aus.

Anhand dieser Beispiele wird deutlich, was Laotse wohl meinte, als er schrieb: *„Das Nicht-Handeln üben: So kommt alles in Ordnung.“*

Dieses System der ausgeglichenen Energie, das beim Reiten nach außen hin in ein Bild der absoluten Harmonie der Bewegungen von Pferd und Reiter mündet, ist bei genauer Betrachtung auch das Ziel der Skala der Ausbildung des Pferdes – Schwung, Takt, Losgelassenheit.

Und letztlich ist es das Ideal, das wir in der Ausbildung von Pferd und Reiter anstreben. Das Tao der Pferde zeigt einen Weg dahin.

Zurück im heimischen Reitverein oder Reitstall begegnet uns oft das Gegenteil: Je träger das Pferd, desto mehr wendet der Reiter eigene Körperenergie auf, um sein triebiges Pferd voranzureiten. Dagegen hat ein heftiges Pferd durch seinen vermehrten Körpereinsatz und seine Kraft den Reiter voll im Griff.

Aus ganzheitlicher Sicht ist auch in diesem Fall das Zusammenspiel der Energien nach außen hin ausgeglichen. Es ist nur anders verteilt als beim hoch trainierten „Dressurcrack“. Was allerdings nicht stimmig ist, ist die Art und Weise der Energieverteilung: Der Reiter des triebigen Pferdes macht durch Körpereinsatz – unruhige, klopfende Unterschenkel am Pferdebauch sowie unruhige Hände – jeglichen harmonischen Eindruck zunichte. Und ein tobendes, bockendes Pferd lässt seinen Reiter ebenfalls eine schlechte Figur im Sattel machen.

Dass das System des ausbalancierten Spiels der Energien sehr schnell aus den Fugen geraten kann, hat wahrscheinlich jeder Reiter in seiner Pferdelaufbahn schon einmal mitbekommen. Denn nicht nur bei triebigen Pferden kommt viel physischer Kraftaufwand zum Einsatz.

Auch an der Longe kommt es auf eine ganzheitlich wahrnehmende Achtsamkeit gegenüber dem Pferd und seiner Umgebung an. Hier achtet der Mensch allerdings nur auf sein Pferd. Seiner Achtsamkeit entgeht dabei die auf dem Boden schleifende Longe. Seinem Pferd nicht.

Auch bei ausgesprochen temperamentvollen Pferden ist der Energieaufwand, den man braucht, um sich auf einem herumtobenden, außer Kontrolle geratenen Pferd im Sattel zu halten, riesig. Dieser Zustand der beidseitig übermäßig eingebrachten Energie ist übrigens genauso weit entfernt von einem ausgeglichenen, harmonischen Bild fließender Energien zwischen Pferd und Reiter wie der Anblick eines träge vor sich hin latschenden Pferdes unter einem energielosen, schlaffen Reiter.

Dieses Bild zeigt sich übrigens häufig nach einer Reitstunde, wenn sich das Pferd am hingegebenen Zügel „entspannen" soll. Im wörtlichen Sinne tut es das auch, indem es die Muskelanspannung loslässt und in seinen Bewegungen komplett auseinanderfällt. Schwung und Balance verschwinden ebenso wie der in der Reitstunde so hart erarbeitete und trainierte Sitz des Reiters in Balance.

Das Buch *I Ging* sagt

„Stillehalten seines Rückens, sodass er seinen Leib
nicht mehr empfindet.
Er geht in seinen Hof und sieht nicht seine Menschen.
Kein Makel."

Aber nicht nur auf dem Pferderücken, auch bei der Arbeit an der Longe kommt es auf die richtige Energieverteilung an, soll das Training auf dem Zirkel nicht in einer wilden Lauferei von Mensch und Pferd enden.

Ich möchte nicht verheimlichen, dass dieser Zustand der Wahrnehmung energetischer Zustände keine Sache ist, die sich bequem vom Sessel oder vom Sofa aus lernen ließe. Glauben Sie mir, es steckt ein hartes Stück Arbeit dahinter, uns scheinbar ganz geläufige Situationen im Alltag mit unserem Pferd in dieser so vollkommen anderen Sichtweise des Augenblicks, wie es das Tao der Pferde verlangt, wahrzunehmen.

Die bereits erwähnten Beispiele machen jedoch auf verblüffende Art und Weise deutlich, wie ausgesprochen passend die Lehren einer mehr als 5000 Jahre alten Philosophie auf den artgerechten Umgang mit Pferden anzuwenden sind.

Pferd und Tao in der Praxis

„Wahre Worte sind nicht schön,
schöne Worte sind nicht wahr.

Tüchtigkeit überredet nicht,
Überredung ist nicht tüchtig.

Der Weise ist nicht gelehrt,
der Gelehrte ist nicht weise.

Der Berufene häuft keinen Besitz auf.
Je mehr er für andere tut,
desto mehr besitzt er.

Je mehr er anderen gibt,
desto mehr hat er.“

(Laotse)

„Also auch der Berufene:
Er redet nicht
und versteht doch,
die rechte Antwort zu bekommen."

(Laotse)

Die Geheimnisse und die komplexe Denkweise des Tao scheinen schon für die Menschen im alten China nicht immer einfach zu begreifen gewesen zu sein. So klagte einst Laotse, einer der wichtigsten philosophischen Denker des Tao:

„Meine Worte sind ganz leicht zu verstehen und ganz leicht auszuführen, und doch ist niemand auf Erden imstande, sie zu verstehen und auszuführen."

Damit es Ihnen und Ihrem Pferd nicht wie in dem oben aufgeführten Zitat geht, habe ich anhand der folgenden praktischen Übungsbeispiele versucht, das zugegeben sehr komplizierte Geflecht der sich selbst bedingenden Wahrnehmung besser verständlich zu machen.

Es handelt sich dabei um Übungen, die vor allem zu Beginn eine möglichst ruhige und gelassene Atmosphäre erfordern, um sich voll auf sich und das Pferd konzentrieren zu können. Es bringt nichts, sich in Hektik „mal eben" ein wenig zu konzentrieren, um dann über das Misslingen umso enttäuschter zu sein.

Sind Sie später geübter, beeinträchtigt auch eine hektische Umgebung in angespannter Atmosphäre, etwa der Trubel eines Turniers, die einmal erlangte Stufe der mentalen Ausrichtung nicht weiter – im Gegenteil: Um sich selbst und nachgelagert das Pferd vor der Prüfung zu „sammeln", gibt es keine bessere Voraussetzung als die Anwendung der in diesem Buch beschriebenen Sichtweise und Technik.

Um Ihnen den Einstieg in die Anwendung des Tao an Ihrem Pferd zu erleichtern, habe ich einige Übungen zusammengestellt, die sich ganz konkret auf Situationen aus dem Alltag eines jeden Pferdebesitzers im Umgang mit seinem Pferd beziehen.

Die Grundlage für alle folgenden Übungen ist die Anweisung Laotses, die ich diesem Kapitel vorangestellt habe: *„Also auch der Berufene: Er redet nicht und versteht doch, die rechte Antwort zu bekommen."* Ersetzen Sie in diesem Satz jetzt ganz einfach das Wort „der Berufene" durch „der Reiter", und Sie haben bereits eine wichtige Grundlage der Anwendung des Tao im Umgang mit Ihrem Pferd erfasst.

Dieser Satz unterstreicht die Absicht, dass alles, was Sie von Ihrem Pferd verlangen, völlig ohne Kraftanstrengung zu erfolgen hat. Möchten Sie Ihr Pferd an etwas heranführen, etwa eine neue Dressurlektion oder die Gewöhnung an eine neue Situation (Hufschmied, Verladen, Turnierteilnahme und anderes), ist es aus Sicht des Tao notwendig, sich ganz auf das Pferd einzulassen. Somit wird eine bestimmte Situation aus sich heraus automatisch zu einer „Frage" an das Pferd, deren Beantwortung sich in der spontanen Reaktion des Tiers findet.

Verstehen Sie seine Aktionen und Reaktionen daher immer als unmittelbare Antwort auf die von Ihnen durch Ihre Absicht „formulierte" Frage. Formulieren Sie Ihre „Frage", das Stellen einer Aufgabe, dabei gleich von vornherein als Beantwortung derselben. So darf etwa beim Verladen eines Pferdes, das mit dieser Situation noch nicht zurechtkommt, nicht etwa die Frage aufkommen: „Gehst du heute in den

Das Spiel von Frage und Antwort. In der Kommunikation von Pferden wird immer die Situation in ihrer Gesamtheit bewertet, nie nur einzelne Teile.

Hänger?“ Sondern das Ziel, das Verladen des Pferdes, muss in Ihrer Wahrnehmung und Einstellung als bereits gelöste Aufgabe gesehen werden. *„Du gehst heute in den Hänger!“* Mit dieser festen, inneren Einstellung und Haltung signalisieren Sie dem Pferd in seiner Wahrnehmung, dass es für Sie etwas völlig Normales ist, dass genau dieses Pferd in genau diesem Moment in genau diesen Pferdehänger einsteigt.

Tao – ganz praktisch.

Bestimmt haben Sie schon erlebt, dass sich negative Vorahnungen scheinbar wie von selbst auch in der Realität erfüllen. Versuchen Sie einmal, negative Erwartungen positiv umzuformulieren, und Sie werden feststellen, dass das genauso gut funktioniert. Die viel zitierte *self-fullfilling prophecy* gibt es in beide Richtungen – negativ und positiv.

Die Absicht dieses Verladetrainings, das Gewöhnen des Pferdes an diese Situation, ist ohne das Tao dieselbe wie mithilfe dieser Gedankentechnik. Aber die mentale Ausrichtung, auf die es aus Sicht des Pferdes in Ihrer Funktion als sein „Leittier“ ankommt, ist eine völlig andere. Denken Sie dabei an das Gedicht von Laotse, in dem es heißt: *„Dreißig Speichen treffen sich in einer Nabe: Auf dem Nichts zwischen den Speichen jedoch beruht des Wagens Brauchbarkeit. Man durchbricht die Wand mit Türen und Fenstern, damit ein Haus entstehe: Auf dem Nichts daran beruht des Hauses Brauchbarkeit. Darum: Das Sein gibt Besitz, das Nichtsein Brauchbarkeit.“*

Führen – aber richtig!

In meinen Kursen zum Tao der Pferde beginne ich immer mit einer scheinbar sehr einfachen Übung am Boden. Ich bitte die Teilnehmer, sich neben ihrem Pferd aufzustellen, um auf ein vereinbartes Signal gemeinsam und synchron mit dem Pferd loszugehen.

Die Ergebnisse dieser scheinbaren Lappalie sind immer sehr amüsant und unterschiedlich und reichen vom zügigen Losmarschieren des Reiters, ohne dass sein Pferd ihm folgt, über das nachdrückliche Auffordern „Komm" bei säumigen Pferden bis zum Voranstürmen des Tiers. Wobei diese letzte Variante selten vorkommt.

Der Grund für diese Verhaltensweise liegt darin, dass zum einen die Pferde mit ihren Gedanken zwar überall, nur nicht bei ihrem Reiter sind, und andererseits der Reiter durch seine Konzentration auf das Signal „Marsch" mit seinen Gedanken auch nicht bei seinem Pferd ist.

Um Ihnen den Einstieg in das Handeln im Sinne des Tao der Pferde zu weisen, bitte ich Sie nun, einmal selbst konzentriert und synchron mit Ihrem Pferd loszugehen. Lassen Sie sich dabei von einer weiteren Person helfen, die Ihnen das Signal zum Losgehen gibt. Lassen Sie sich von dieser Person dann berichten, ob Ihr Pferd Ihnen tatsächlich synchron gefolgt ist oder ob nicht doch ein unbewusst verdrängter zeitlicher Versatz dabei war. Hat der „gemeinsame Start" von Anfang an tadellos funktioniert, kann ich Sie nur beglückwünschen. Ihr Pferd ist jetzt schon bereit, sich völlig auf Sie als Person einzulassen.

In der Regel wird es aber so sein, dass sich zu Anfang immer ein mehr oder weniger deutlicher Versatz zeigt, weil die meisten Pferde und Reiter dazu neigen, mit ihren Gedanken überall zu sein, nur nicht bei ihrem Gegenüber. Das Fatale daran: Mit unserem dem Pferd unbewusst gezeigten abgewendeten Verhalten signalisieren wir ihm: „Du bist mir eigentlich egal." Worauf das Pferd seine Aufmerksamkeit wiederum ebenfalls anderen Dingen zuwendet. Und denken Sie daran: Zum „Jasagen" braucht es immer zwei. Zum „Neinsagen" reicht einer!

Um die Aufgabe des synchronen Losgehens von Pferd und Reiter zu bewältigen, ist Folgendes notwendig: Sorgen Sie vor Beginn dieser Übung zunächst für eine ruhige Umgebung. Stellen Sie sich dann auf Höhe seines Kopfes neben das Pferd auf und sammeln Sie Ihre Gedanken. Tauchen Sie dabei ganz in die momentane Situation ein. Denken Sie dabei an die Bilderübung, bei der ich Ihnen ein Winterbild von zwei Ponys auf der Weide beschrieben habe und Sie bat, in ähnlicher Weise einige weitere Bilder zu betrachten.

Lassen Sie sich vor dem Losgehen mit Ihrem Pferd ruhig etwas Zeit. Wie fühlen Sie sich gerade? Sind Sie in dieser Situation angekommen, oder beschäftigt Sie noch irgendetwas, das mit der anstehenden Aufgabe nichts zu tun hat? Versuchen Sie, alle belastenden Gedanken aus Ihrer Wahrnehmung zu löschen, und überlassen Sie sich ganz der momentanen Situation. Sind Sie nun eins geworden mit sich, Ihrem Pferd und Ihrer Umwelt, haben Sie eine ähnliche Wahrnehmung erreicht, in der sich Ihr Pferd sein ganzes Leben lang befindet.

© Slawik

Nur mit einer achtsamen Wahrnehmung des „Jetzt" gelingt es, die Gedanken und den Willen von Reiter und Pferd in einen harmonischen Einklang des Gemeinsamen zu bringen.

Und Ihre Wahrnehmung in diesem Moment gleicht in mehrfacher Hinsicht der Ihres Pferdes: Weder Sie noch Ihr Pferd wissen, wann das Kommando „Marsch" kommt. Durch die unmittelbare Konzentration und die Reduktion der wahrgenommenen Gegenstände auf ihre Grundinformation, ihren Sinn, erreichen Sie eine ähnlich gelagerte Wahrnehmung wie Ihr Pferd. Denken Sie hierbei an die Ausführungen im vorigen Kapitel, als wir geübt haben, die Welt mit „Pferdeaugen" zu sehen, indem wir uns ausschließlich auf den grundlegenden Sinn des Wahrgenommenen im Hier und Jetzt konzentriert haben.

Sie werden feststellen, dass Sie in diesem Zustand auch nicht mehr überrascht sind, wenn plötzlich das Kommando „Marsch" ertönt. Setzen Sie sich in Bewegung, wird diese Aktion ein ganz selbstverständlicher Ablauf, den Sie vielleicht gerade jetzt nicht erwartet haben, der aber in völliger Gelassenheit und Selbstverständlichkeit für Sie umzusetzen ist.

Meine Erfahrung bei dieser Übung ist immer wieder, dass sich die Pferde erstaunlich schnell auf „ihren" Menschen einlassen, sobald sie merken, dass sich dessen Wahrnehmung nun mit ihrer eigenen Wahrnehmung deckt. Diesen Wahrnehmungszustand über eine längere Zeit zu halten – ich spreche hier von Minuten, nicht von Stunden –, ist für den Menschen, der es gewohnt ist, im Gleich oder Eben, im Gestern oder Morgen zu leben und sich danach zu orientieren und zu strukturieren, meist unglaublich schwer.

Das Jetzt, in dem unsere Pferde ausschließlich leben, ist für uns Menschen, die wir von Kind an gewohnt sind, uns zu überlegen, was wir morgen machen oder was gestern war, die wir Terminpläne führen und uns Gedanken machen, was die Zukunft bringen wird und was in der Geschichte vor Hunderten oder Tausenden Jahren war, nahezu unbegreiflich.

Um den für das Verständnis des Tao der Pferde so überaus wichtigen Zustand des Jetzt, in dem wir uns ebenso wie unsere Pferde in jedem Abschnitt unseres Lebens befinden und aus dem wir zu keiner Zeit ausbrechen können, ein wenig verständlicher zu machen, stelle ich zu Beginn meiner Kurse immer die Fragen: „Wie lange dauert das Jetzt? Wann beginnt „jetzt"? Wann endet es?"

Schnell wird dann klar, dass das Jetzt ein nahezu unendlich kurzer Moment ist, der ebenso schnell Vergangenheit ist, wie er gekommen war. Machen wir uns weiterhin klar, dass alles Handeln nur in diesem nicht fassbaren, unglaublich kurzen Moment geschieht, bekommen wir eine Ahnung, welche Kraft hinter dem Jetzt stecken muss, das allein alle Veränderungen in der Welt erst ermöglicht. Denn es ist schier unmöglich, in der Zukunft etwas bewirken zu wollen, ebensowenig wie Sie eine Handlung in der Vergangenheit vornehmen können. Handeln und Wirken geht nur im Jetzt. Und letztendlich ist das Tao der Pferde nichts anderes, als sich in seinem Denken, Fühlen und Handeln auf die Einzigartigkeit und Unwiederbringlichkeit des Moments einzustellen und damit umzugehen.

Eine uralte Erzählung aus der Zeit der kaiserlichen Tang-Dynastie im China des 6. bis 9. Jahrhunderts verdeutlicht diese Notwendigkeit des Erkennens des Jetzt:

Für Ihr Pferd geschieht alles im Jetzt. Das Wahrnehmen energetischer Zustände seiner Umwelt spielt dabei eine wichtige Rolle.

Eine Geschichte vom Jetzt

In der Nähe eines kleinen chinesischen Dorfes im Wudang-Gebirge lebte einst ein Meister des Tao, der den Ruf genoss, sich trotz seines hohen Alters bester Gesundheit und Zufriedenheit zu erfreuen.

Die Menschen im Dorf wollten an seinem Wissen um Gesundheit und Wohlbefinden teilhaben, und sie schickten die Gelehrtesten unter ihnen zum Haus dieses Meisters. Dort angekommen sprachen sie: „Meister, wir möchten gerne teilhaben an deiner großen Weisheit, wie man es schafft, so lange gesund und glücklich zu bleiben, wie du es bist. Wir haben viel Geld mitgebracht, es soll also dein Schaden nicht sein."

Der alte Meister lächelte sanft, bevor er antwortete: „Euer Geld lasst nur stecken, ich brauche es nicht. Aber ich will eure Fragen gerne beantworten. Der Grund, warum ich mich vollster Zufriedenheit erfreue, ist folgender:

Wenn ich esse, dann esse ich.
Wenn ich schlafe, dann schlafe ich.
Wenn ich arbeite, dann arbeite ich."

Damit entließ der alte Meister seine Besucher. Diese eilten zurück ins Dorf und berichteten von den seltsamen Antworten des alten Weisen. Die Leute aber waren ungehalten. „Was soll das?", riefen sie. „Das machen wir doch auch so. Wir essen, wir schlafen und wir arbeiten. Wo ist da der Unterschied?"

Also gingen die Gelehrten des Dorfes nochmals den beschwerlichen Weg hinauf in die Berge zum Haus des alten Meisters des Tao, und nochmals fragten sie ihn nach seiner Weisheit. Doch wiederum bekamen sie auf ihre Fragen die gleichen Antworten. Wieder machten sich die Gelehrten nachdenklich auf den Heimweg, und wieder schickten sie die Leute aus dem Dorf den Berg hinauf mit der Aufgabe, doch endlich herauszufinden, was es mit den Antworten des Meisters auf sich habe.

„Meister", sagten die Gelehrten, „dreimal haben wir dich aufgesucht, dreimal hast du uns dieselben Antworten gegeben. Aber wir verstehen dich nicht. Auch wir essen, schlafen und arbeiten, aber keiner von uns im Dorf ist so glücklich wie du!"

Da antwortete der alte Meister: „Es ist so, wie ich sage. Aber wenn ihr esst, dann unterhaltet ihr euch dabei, ihr kostet von diesem und von jenem und probiert, was euch schmeckt. Aber ihr seid nicht am ‚essen'.

Ebenso geht es euch, wenn ihr schlaft. Beim Einschlafen überlegt ihr schon, was ihr morgen alles erledigen müsst, oder grübelt über den vergangenen Tag.

Und auch, wenn ihr auf euren Feldern, euren Höfen oder in euren Werkstätten arbeitet, immer treiben euch Planungen um, welche Arbeit ihr noch zu Ende bringen müsst und was als Nächstes ansteht. Nie seid ihr bei dem, was ihr gerade macht, sondern befasst euch stets mit Dingen, die euch von dem, was ihr eigentlich tun solltet, abbringen. Im Buche *I Ging* aber steht geschrieben: Bescheidenheit schafft Gelingen. Der Edle bringt zu Ende."

Ausschließlich im „Jetzt" ist Leben und Handeln möglich. Was zählt, ist der Augenblick. Das gilt bei Pferden für eine harmonische Kommunikation ebenso wie für das Erkennen einer Gefahr.

Die Trense im Kopf

Das Thema, welche Reitweise mit welchen Gebissen auskommt, ob man überhaupt mit einem Trensengebiss reiten soll oder doch lieber mit einer gebisslosen Zäumung oder nur einem Halsring, ist in Reiterkreisen ein immer noch hart umkämpftes Thema. In Internetforen wird heiß diskutiert, welches Material dem Pferd wohl am angenehmsten im Maul ist, ob es ein nickelfreier Stahl sein soll oder vielleicht doch besser ein Sweet-Iron-Gebiss und so weiter.

Nicht anders verhält es sich mit dem Thema Hilfszügel, das die Reiterei in regelrechte Lager spaltet. Es wird darüber gestritten, welche Hilfszügel bei welchem Ausbildungsstand des Pferdes wohl am besten sind, welche Lektionen mit welcher Zäumung geritten werden sollen oder dürfen und vieles mehr. Unter dem Aspekt der Reitkunst und der Skala der Ausbildung, dem Erreichen von Losgelassenheit, Takt, Schwung, Anlehnung, Geraderichten und Versammlung des Pferdes wird viel technisches Know-how eingesetzt, das zwar das Reiten für den Menschen bequemer macht, aber nichts mit einer echten Kommunikation und Partnerschaft im Sinne der Pferde zu tun hat.

Der „Alte Fritz" und die Sporen

Der preußische König Friedrich II. (1712 bis 1786) war bei der Ausbildung und dem Einsatz der Pferde beim Militär kein Freund von Sporen.
Als er einmal einen französischen Diplomaten zu Gast hatte, der sich darüber echauffierte, dass der „Alte Fritz" zu seiner Uniform niemals Sporen trug, wie es am Hofe des französischen Königs gang und gäbe war, antwortete ihm der Soldatenkönig: „Monsieur, was hält Er davon, wenn ich Ihn darum bitte, Sein Gewand zu lüften, damit ich Ihm mit meiner Gabel für eine Weile in die Rippen stechen kann. Hernach wird Er mir sicher berichten, welch unaussprechliches Vergnügen Ihm das bereitet hat."

Denn im Getöse der Diskussion wird völlig übersehen, dass sowohl Hilfszügel als auch Trensengebisse im besten Fall wirklich nur Hilfen sein sollen, dem Pferd klarzumachen, was der Reiter eigentlich von ihm will. Aber wie wir bereits gesehen haben, beginnt die Übertragung und Vermittlung von Informationen vom Menschen auf sein Pferd nicht erst mit dem Aufnehmen der Zügel, sondern schon lange vorher und auf einer rein mentalen Ebene bereits bei der ersten Kontaktaufnahme mit dem Pferd, beim Putzen, Satteln, Trensen, dem Führen auf den Reitplatz oder in die Reithalle. Also lange bevor der Reiter im Sattel Platz genommen oder die Longe in die Hand genommen hat.

Der Gebrauch der Trense ist immer das letzte Glied einer nicht-materiellen, auf Achtsamkeit ausgerichteten Informationskette vom Reiter zu seinem Pferd und kann idealerweise entfallen. Mechanische Signale wie der Druck des Trensengebisses auf das Pferdemaul durch Zügelzug verhindern den freien Fluss der Information.

Damit Sie mich jetzt nicht falsch verstehen: Ich bin nicht grundsätzlich gegen den Gebrauch von Sattel und Trense beim Reiten. Im Gegenteil: Es wäre – vor allem im Gelände – blanker Wahnsinn, sich auf ein Pferd zu setzen, dem man sich mit dem Verzicht auf eine wie auch immer geartete, angepasste Zäumung völlig schutzlos ausliefert.

Das Tao der Pferde zeigt uns aber die Grenzen auf, ab wann ein Hilfsmittel zum Druckmittel wird – und dieser Übergang setzt bereits sehr früh ein. Haben Sie die Prinzipien des Tao der Pferde einmal erkannt, werden Sie schnell feststellen, dass bei deren Anwendung ein Minimum an Information ausreicht, Ihrem Pferd zu verdeutlichen, was Sie im Moment ihres Zusammenseins von ihm verlangen.

Das Buch *I Ging* sagt

„Freiwilliger Rückzug bringt dem Edlen (dem Reiter) Heil, dem Gemeinen (dem Pferd) Niedergang."

Betrachten Sie die Trense daher immer nur als letztes Glied einer Kette, ähnlich einem „Notschalter", den Sie nur im äußersten Notfall betätigen dürfen. Ich vergleiche den Einsatz der Zäumung gern mit der Notbremse in der Eisenbahn. Betätigen Sie diese einmal während der Fahrt aus Scherz oder Unbedachtheit und ohne einen ersichtlichen Grund, kann das schnell sehr teuer für Sie werden.

Die Strafe, die man Ihnen dafür aufbrummt, können Sie mit den Problemen vergleichen, die sich aus einer unbedachten Handhabung der Trense ergeben können. Widersetzlichkeit, Kopfschlagen, Wegdrücken des Rückens, falsches Abknicken des Halses und vieles mehr – alles Probleme, deren Behebung viel Zeit und Mühe kostet und die durch sachgerechten und eben minimalen Einsatz der Trense zu vermeiden gewesen wären.

Besser als eine Trense am Kopf Ihres Pferdes ist eine Trense, deren Wirkung Sie in Ihrem Kopf haben. Bevor Sie Ihr Pferd für den Einsatz unter dem Sattel vorbereiten, sollten Sie sich zunächst genau überlegen, an welchen Dingen Sie in der kommenden Trainingsstunde arbeiten möchten. Je nach Anforderung und Notwendigkeit überlegen Sie sich dann entsprechende Übungen und Lektionen, die Sie in der anstehenden Reitstunde in Angriff nehmen möchten.

Reduzieren Sie anschließend in Ihrer Wahrnehmung diese Übungen auf den reinen Informationsgehalt für das Pferd, und blenden Sie jetzt das Warum und das Wie der Übungen aus Ihrem Bewusstsein aus. Was jetzt und für den Moment im Sattel zählt, ist einzig die Tatsache, *dass* Sie diese Übungslektionen reiten, nicht mehr das Wie und Warum.

Durch das Ausblenden der für den Moment der Anwesenheit im Sattel überflüssigen Informationen wird es Ihnen nun möglich, sich völlig auf Ihr Pferd und seine Wahrnehmung einzulassen, so wie wir es bereits am Anfang des Kapitels beim Führen vom Boden aus kennengelernt haben.

Sorgen Sie für den Anfang auch hierbei wieder für eine ruhige und entspannte Atmosphäre. Es bringt nichts, nach der Arbeit für ein paar Minuten mit den Grundlagen des Tao der Pferde zu arbeiten und schon bald ungeduldig und genervt aufzugeben, wenn es nicht auf Anhieb klappen will. Was zählt, ist innere Ruhe und Gelassenheit sowie die Bereitschaft, intensiv an seiner eigenen Wahrnehmung zu arbeiten. Denn das Erlernen des Tao der Pferde braucht etwas Geduld.

Das Buch *I Ging* sagt

„Zu rasch Dauer wollen, bringt beharrlich Unheil."

Wenn ich von der „Trense im Kopf" spreche, meine ich damit auch das Führen des Pferdes durch bewusstes Atmen. Denn die Atmung wird im Zusammenspiel und der Interaktion zwischen Reiter und Pferd oft beharrlich übersehen. Ein harmonisches Gesamtbild, das sich auch einem Betrachter von außen darstellt, gelingt nur, wenn nicht nur das Wechselspiel der Energien zwischen Pferd und Reiter ausgewogen ist, sondern auch die eigene Atmung mit dem Rhythmus des Pferdes harmoniert.

Zwei einfache und alltägliche Beispiele sollen das verdeutlichen: Sie werden von Ihrem Reitlehrer angewiesen, im Trab die Steigbügel überzuschlagen und leichtzutraben. Sicher kennen Sie den unangenehmen Moment, wenn sich aufgrund unbewusst unrhythmischer Atmung das erste Seitenstechen einstellt.

Gangartenwechsel auf die feine Art: „Bremsen" Sie Ihr Pferd durch bewusstes Atmen, nicht mit dem Zügel.

Bei einem Ausritt haben Sie auf einem lang gestreckten, weichen und griffigen Wiesenweg zu einem wunderbaren, gleichmäßigen Galopp und in einen perfekt ausbalancierten, harmonischen Sitz gefunden. Plötzlich strauchelt das Pferd kurz, Sie verlieren den Steigbügel und die ganze schöne Harmonie ist dahin. Sie bekommen für einen Moment Angst, aus dem Sattel zu rutschen, und diese Bedenken führen auch dazu, dass sich Ihre Atmung verkrampft. In Bruchteilen von Sekunden bekommt das Pferd Ihre Angst spitz, und aus dem harmonischen Galopp wird eine wilde Rennerei, bei der sich beide, Pferd und Reiter, durch aufgeregtes, verkrampftes Atmen gegenseitig aufheizen.

Signalisieren Sie Ihrem Pferd Ihre Hilfen immer auch über Ihre Atmung. Denn als ausgesprochen effektive Hilfe schmerzt Atem nicht im Pferdemaul, er kann nicht reißen und ist unsichtbar. Welcher Zügel kann das von sich schon behaupten?

Probieren Sie es zunächst wieder in sicherer Umgebung: Traben Sie konzentriert an, und suchen Sie sich einen Punkt, an dem Sie wieder zum Schritt durchparieren möchten. Sind Sie an diesem Punkt angelangt, atmen Sie leise und weich aus, und entspannen Sie dabei die Bauchmuskulatur.

Lassen Sie Ihr Pferd jetzt ganz weich in diese „Hilfe" gewissermaßen hineinlaufen. Mit etwas Übung können Sie auf diese Weise die mechanische Hilfe der Zügelparade nach und nach ersetzen, um Ihr Pferd mit der unsichtbaren „Atemparade" durchzuparieren. Das gilt für den Übergang vom Galopp in den Trab ebenso wie für den Tempiwechsel zum Schritt.

Natürlich zählt auch bei der Hilfengebung durch die Atmung immer das ganzheitliche Zusammenspiel von ausbalancierter Wahrnehmung und dem Bewusstsein im Jetzt.

Der Vorteil des Reitens nach dem Prinzip des Tao im Gegensatz zur rein mechanischen Informationsübertragung über die Zäumung ist, dass Sie durch den gezielten Einsatz Ihres Bewusstseins und Ihrer Atmung feinste Signale geben können. Diese werden vom Pferd tatsächlich als deutliche Informationen empfangen werden und nicht als unverständlicher Schmerzreiz, dem nur durch Nachgeben entkommen werden kann – oder durch Aufbegehren und Flucht, je nach Temperament.

Mit dem Tao in den Sattel

Gehen Sie bei der Planung Ihrer Reitstunde sorgfältig vor. Ein chinesisches Sprichwort aus dem Buch *I Ging* besagt: *„Wer den Hirsch jagt ohne Förster, der verirrt sich nur im Wald."* Bezogen auf Ihre Reitstunde sind Sie gewissermaßen gleichzeitig Förster und Jäger. Denn Ihr Pferd kennt Ihren „Wald", Ihre Planungen für diese Stunde ja nicht. Bedenken Sie, dass es *Ihre* Lebenszeit und die Ihres Pferdes ist, die Sie gemeinsam verbringen und die Sie auch von niemandem zurückbekommen, wenn die Stunde danebengegangen ist.

Je besser Sie vorbereitet sind, desto eher gelingt es Ihnen, sich im Sattel ausschließlich auf Ihr Pferd zu konzentrieren. Haben Sie das erreicht, beginnen Sie, sich in Gedanken im Takt der Hufe auf den Rhythmus seines Körpers einzulassen. Im weiteren Verlauf des Erlebens des Hier und Jetzt im Sattel werden Sie merken, dass die Lektionen, die Sie sich vorher in Gedanken zurechtgelegt haben, auf einmal ganz von allein und wie selbstverständlich kommen.

Betrachten wir uns beispielhaft einmal den Aufbau einer Reitstunde unter Einsatz des Tao mit dem Ziel, das Pferd vermehrt auf seine Hinterhand zu setzen, um seine Hinterhandmuskulatur zu stärken.

Schon in der Lösungsphase zu Beginn der Stunde zeigt sich, ob Sie bereit sind, sich auf das Tao Ihres Pferdes einzulassen. Denn Lösen des Pferdes heißt nicht, ziellos in der Halle oder auf dem Platz „herumzulatschen", nur damit sich in den Gelenken des Pferdes genügend Gelenkflüssigkeit bilden kann und die Durchblutung der Muskulatur gefördert wird. Denken Sie daran – die Arbeit mit dem Pferd beginnt bereits mit der ersten Kontaktaufnahme, sobald Sie den Stall betreten.

Lösen des Pferdes bedeutet auch, das Pferd gedanklich auf die Stunde vorzubereiten. Das Pferd muss sich vorher ebenfalls sammeln und sich darauf einstellen, dass es sich ab jetzt für eine Weile mit Ihnen auseinandersetzen soll. Unter dem Aspekt des „gedanklichen" Einstimmens des Pferdes wird deutlich, warum auch bei Pferden, die gerade erst von der Weide kommen und sich eigentlich ausreichend bewegt haben sollten, nicht ohne eine vorherige Lösephase mit der Arbeit unter dem Sattel begonnen werden sollte.

Fühlen Sie, dass Ihr Pferd nun zur Arbeit bereit ist, können Sie Ihre Stunde beginnen. Stellen Sie gleichzeitig mit dem achtsamen Aufnehmen der Zügel auch eine gedankliche Verbindung zu Ihrem Pferd her.

Folgen Sie in Ihrer Wahrnehmung dem Rhythmus seiner Hufe und lassen Sie sich auf die schwingenden Bewegungen seines Rückens ein. Konzentrieren Sie sich nur auf den Moment und blenden dabei alle Gedanken aus, die Sie dabei stören. Diese Gedanken sind in diesem Moment nicht wichtig. Haben Sie sich von der störenden Gedankenlast des Alltags befreit, können Sie damit beginnen, Ihre Umgebung „mit den Augen Ihres Pferdes" wahrzunehmen. Erinnern Sie sich dabei wieder an die Übung zu Beginn dieses Buches, bei der Sie bereits gelernt haben, sich anhand eines Pferdefotos auf die Gesamtheit der Situation einzulassen.

Wenn Sie nun mit den ersten Wendungen und Biegungen beginnen, werden Sie schnell feststellen, dass es nahezu keines Krafteinsatzes mehr bedarf, um Ihrem Pferd zu vermitteln, was Sie im Augenblick der Hilfengebung von ihm wollen. Sind Sie jetzt mit Ihrer Wahrnehmung synchron zu der Ihres Pferdes, werden Sie sich ganz automatisch in die Schwingungen seines Rückens, seinen Schwung und seinen Takt einfühlen. Ab diesem Moment völliger Übereinstimmung des Hier und Jetzt wird es Ihnen gelingen, die von vielen Reitern ersehnte Leichtigkeit und Unsichtbarkeit in der Hilfengebung zu erreichen. Dieser Zustand gleicht ein wenig dem einer Meditation, bei der sich der Meditierende ganz in sich selbst versenkt. Nur mit dem Unterschied, dass Sie Ihr Pferd in diese besondere Art der Meditation miteinbeziehen. Ab jetzt laufen alle gymnastizierenden Übungen, die Sie sich für Ihr Pferd vorher im zeitlichen Ablauf der Reitstunde vorgenommen haben, wie von selbst ab, und Sie werden Handelnder und Zuschauer gleichzeitig.

Ich will an dieser Stelle nicht verschweigen, dass sich diese ganzheitliche Jetzt-Wahrnehmung nicht von heute auf morgen einstellt. Wie ich bereits ausgeführt habe, gehört viel Geduld dazu, sich mit der Wahrnehmung der Pferde nach Art des Tao vertraut zu machen. Zu groß sind manchmal die Reize, die uns vom Einssein mit dem Pferd ablenken. Sei es, dass das Handy nicht abgestellt war und nun klingelt, sei es, dass das Pferd kurz stolpert und aus dem Takt kommt oder wir uns innerlich über die Kommentare der Zuschauer an der Bande ärgern, die wir in unserer Versenkung in das Reiten eigentlich nicht mitbekommen sollten. Für diesen Fall gebe ich Ihnen den Rat des tibetischen Dalai Lama mit auf den Weg: *„Es bringt nichts, sich aufzuregen. Denn dann muss man sich hinterher wieder abregen, und das kostet nur unnötig Energie."*

Bleiben Sie also ganz gelassen. Ihr Pferd ist es ja auch.

Das Tao an der Longe

Beim Arbeiten des Pferdes an der Longe verhält es sich genauso wie beim Reiten. Planen Sie eine Trainingseinheit an der Longe vorab genau so präzise, wie Sie sich für eine Reitstunde nach den Prinzipien des Tao vorbereiten. Longieren bedeutet nicht, das Pferd an der Leine um sich herum zu „zentrifugieren", sondern ist eine gleichberechtigte und ebenso wertvolle Art und Weise des erfolgreichen Pferdetrainings wie die Arbeit unter dem Sattel.

Nichts für „mal eben zwischendurch": Longenarbeit erfordert ebensoviel Achtsamkeit und Aufmerksamkeit wie die Arbeit im Sattel. Und sie muss ebenso intensiv vorbereitet werden.

Auch das Longieren erfordert die volle Konzentration des Reiters auf sein Pferd. Überlegen Sie vorab, an was Sie in dieser Trainingseinheit arbeiten möchten. Soll vielleicht nach einer überstandenen Krankheit oder Operation vorsichtig die Kondition des Pferdes, natürlich auf einem möglichst großen Zirkel, wiederaufgebaut werden? Oder möchten Sie konzentriert an den Übergängen von Schritt, Trab und Galopp arbeiten? Vielleicht planen Sie auch, unter Einsatz der Doppellonge die Versammlung Ihres Pferdes zu fördern?

Allein an der Aufzählung der vielen Möglichkeiten, die sich Ihnen durch den Einsatz der Longe bei Ihrem Pferd bieten, zeigt sich, wie wichtig und wertvoll eine strukturierte Longenarbeit im Trainingsalltag sein kann.

Verfahren Sie bei Ihrem Pferd nach den Prinzipien des Tao, benutzen Sie die Longe ausschließlich als gedankliche Stütze Ihrer Arbeit. Die Grundlage für eine erfolgreiche Longenarbeit ist es, einen Zustand der Synchronizität mit dem Pferd zu erreichen, der die Anwesenheit der Longe eigentlich überflüssig macht. Auch der Einsatz von weiteren Hilfsmitteln, vor allem die Benutzung von Hilfszügeln, die als *vorübergehendes* Hilfsmittel beim Longieren durchaus Sinn haben können, sollte nur durchdacht angewendet werden. Weniger ist auch hier immer mehr.

Ein altes chinesisches Sprichwort sagt: *„Beim Erreichen eines Ziels besteht die Kunst im Weglassen."* Statt die Arbeit einem mechanischen Hilfsmittel zu überlassen, sollten Sie besser versuchen, Ihr Ziel durch die Art Ihrer geistigen Ausrichtung zu erreichen.

Haben Sie Ihr Ziel für die jeweilige Trainingseinheit definiert, überlegen Sie sich genau den Weg dahin und welche Übungen Sie sich vornehmen möchten. Am Beispiel der Arbeit an den Übergängen und der Tempoverstärkung möchte ich Ihnen zeigen, dass es auch bei der Longenarbeit fast ausschließlich auf Ihre innere Einstellung und das daraus resultierende Handeln ankommt.

Sorgen Sie im Vorfeld für eine ruhige, entspannte Atmosphäre. Mit dem Longieren nach den Prinzipien des Tao dann beginnen zu wollen, wenn „Stoßzeit" in der Halle oder auf dem Platz ist, hat nur wenig Aussicht auf Erfolg.

Möchten Sie Ihre Trainingseinheit beginnen, gehen Sie in Gedanken zunächst zurück zu der Stelle des Buches, an der wir im Kapitel „Führen – aber richtig" das synchrone Losgehen besprochen haben, und verinnerlichen Sie sich noch einmal dessen Grundprinzipien. Beginnen Sie auch vor der Longiereinheit wieder, „die Welt mit Pferdeaugen zu sehen". Fühlen Sie, dass Sie diesen Zustand erreicht haben – was mit zunehmender Übung immer weniger Zeit in Anspruch nimmt –, können Sie beginnen. Schicken Sie Ihr Pferd nicht nur mit Gesten, sondern vor allem mit Ihren Gedanken auf den Zirkel. Möchten Sie, dass Ihr Pferd in eine schnellere Gangart fällt, „denken" Sie sich Ihr Pferd erst schneller, bevor Sie Ihren „verlängerten Arm", also die Longierpeitsche, bewegen.

Nach einer gewissen Zeit werden Sie bemerken, dass der Einsatz des physischen Hilfsmittels nach und nach überflüssig wird und das Pferd beginnt, auf Ihre geistige Haltung einzugehen. Bei sensiblen Pferden geht das schneller als bei Pferden, die eine Sache erst später begreifen und in ihrer Wahrnehmung vielleicht etwas weniger intensiv „auf Empfang" sind.

Das Buch *I Ging* sagt

„Beharrlichkeit bringt Heil. Man dringt empor auf Stufen."

Wenn Sie beim Longieren weitere Hilfsmittel wie Stangen oder Cavaletti einsetzen, dann gehen Sie in Ihrer Wahrnehmung aktiv und synchron mit Ihrem Pferd mit. Die meisten Reiter machen den Fehler, lediglich abzuwarten und passiv hinzuschauen, was das Pferd mit der Stange am Boden oder dem Cavaletti anstellt, statt ihre Wahrnehmung aktiv auf die Lösung der Aufgabe des Pferdes auszurichten.

Beim Übergang von einer schnelleren Gangart in eine langsamere ist es genauso wie beim Steigern des Tempos. „Denken" Sie sich Ihr Pferd erst wieder langsam, bevor Sie irgendein physisches Hilfsmittel einsetzen. Atmen Sie beim „Herunterfahren" auch hörbar entspannt aus. Die allermeisten Pferde reagieren nicht nur unter dem Sattel, sondern auch an der Longe überraschend gut auf dieses einfache Hilfsmittel.

Der Verzicht auf überflüssige physische Hilfsmittel und die durch das Tao immer wieder zum Ausdruck gebrachte Sanftheit im Umgang mit dem Pferd hat übrigens nichts mit falscher Verzärtelung des Tiers zu tun. Im Gegenteil ist Ihre Einflussnahme auf das Pferd umso intensiver, je besser es Ihnen gelingt, Ihre Wahrnehmung mit der des Pferdes gleichzuschalten. Das Tao entbehrt allenfalls den Faktor der „Dominanz", die Sie im Tao der Pferde nicht nötig haben.

Hat es bei den ersten Malen, bei denen Sie Ihr Pferd nach den Prinzipien des Tao longieren, den Anschein, dass so rein gar nichts klappen will und das Pferd scheinbar tut, was es gerade möchte, ohne sich um Sie zu kümmern, bleiben Sie ruhig. Eine entsprechende Verhaltensregel dafür findet sich auch im Buch *I Ging: „Beim Bestrafen der Torheit ist es nicht fördernd, Übergriffe zu begehen. Fördernd ist nur, Übergriffe abzuwehren."*

Tao – ganz praktisch.

Bleiben Sie gelassen.
Es nützt nichts und niemandem, Erfolg erzwingen zu wollen. Funktioniert eine Lektion oder Übung mit Ihrem Pferd überhaupt nicht, hat das nach den Prinzipien des Tao seinen Grund, warum es gerade *heute* nicht klappt. Dann nützt es auch nichts, grüblerisch nach den Ursachen zu forschen und Schuld zuzuweisen. „Der Sattel hat heute nicht richtig gelegen", „Mein Pferd muss sich erst an das neue Trensengebiss gewöhnen" und dergleichen Ausreden mehr sind vielleicht förderlich, sich aus einer bestimmten Konstellation zwischen Pferd und Reiter in Gedanken herauszustehlen. Den Kern einer „vermurksten" Reitstunde treffen sie jedoch nicht. Das Tao der Pferde sagt: Morgen klappt es. Und erst dann, wenn du es wirklich willst.

Mögliche Umstände, die eine erfolgreiche Arbeit mit dem Tao der Pferde verhindern, sind große Unruhe in der Umgebung des Pferdes und unwillkürliche Konzentration des Longenführers auf das Wie des Longierens. Auch unpassend verschnallte Hilfszügel, die den Charakter Ihrer Informationen an das Pferd verfälschen, führen zu Irritationen. Hilfszügel „sagen" dem Pferd in Form von Schmerzempfinden immer nur, wann es etwas falsch macht, und nicht, wann es etwas richtig macht. Und unter Schmerz und Bestrafung lernt es sich für niemanden gut.

Die Balance – am Fundament arbeiten

Nichts wünscht sich ein Reiter mehr als ein ausbalanciertes Pferd. Die Anforderungen der Skala der Ausbildung hinsichtlich Takt, Schwung, Losgelassenheit, Geraderichten, Anlehnung und Versammlung, die Gelassenheit und Zuverlässigkeit eines Pferdes vor neuen Aufgaben und Herausforderungen beziehen sich alle auf die Wahrnehmung des Pferdes hinsichtlich der eigenen Balance.

Die Balance spielt in jedem Moment des Lebens eines Pferdes eine ganz entscheidende Rolle, um sich sicher und somit wohlzufühlen. Und das in weitaus größerem Maß, als wir es uns vielleicht vorstellen. Ein Pferd, das seinen Körper nicht ausbalanciert koordinieren kann, wird aufgrund seiner Urinstinkte permanent unter der Angst leiden, seinen Fressfeinden schutzlos ausgeliefert zu sein – selbst in der sicheren Box.

Schon junge Hengste trainieren im spielerischen Kampf auf ganz natürliche Art und Weise ihre Wahrnehmung und Balance.

Um das zu verdeutlichen, kehre ich kurz zurück zum Leben der Pferdeherden in freier Wildbahn. Da das Pferd als Beutetier über keinerlei Waffen wie Krallen, scharfe Zähne, Giftdrüsen oder Ähnliches verfügt, um sich Ungemach vom Hals zu halten, bleibt ihm die Flucht als einziges Mittel, sich seiner Fressfeinde zu erwehren. Die Balance spielt hier insofern eine entscheidende und manchmal sogar lebensrettende Rolle, als dass ein Pferd, das auf der Flucht ins Straucheln gerät und es durch fehlende Balance nicht schafft, schnell wieder Tritt zu fassen, unweigerlich zur Beute seiner Gegner wird.

Daher ist das Gefühl für die eigene Balance als wirksamer Überlebensmechanismus fest im Bewusstsein des Pferdes verankert. Ich habe immer wieder die Erfahrung gemacht, dass sehr selbstbewusste und eigenwillige Pferde fast immer auch sehr gut ausbalancierte Pferde sind, weil sie sich in jedem Moment auf sich selbst und ihren Körper verlassen können. Ängstliche, unsichere und als „schwierig" bezeichnete Pferde hingegen zeigen sich auch unter dem Sattel meist ausgesprochen unausbalanciert. In Ermangelung eines Gefühls für ihre Balance haben sie auch häufig Probleme, Neues zu lernen oder Bahnfiguren auf beiden Händen gleichermaßen gut auszuführen.

Der Wert der Arbeit an der Balance des Pferdes kann gar nicht hoch genug eingeschätzt werden. Dabei sollte allerdings nicht nur die physische Balance und Stabilität bedacht werden. Genauso wichtig ist auch das Erreichen einer mentalen Balance. Der Weg dahin führt über das Tao der Pferde.

Die Balance am Boden

Um es gleich vorwegzunehmen: Ich bin beim Training von Pferden ein begeisterter „Bodenarbeiter". Leider wird Bodenarbeit meist falsch verstanden und oft auf den Begriff des Longierens von Pferden in allen möglichen Varianten reduziert. Dabei kann Bodenarbeit viel mehr und ist im Sinne des Tao der Pferde auch der Schlüssel des wirklichen Verstehens der Art und Weise, wie man sich einen sicheren und von Vertrauen geprägten Zugang zu seinem Pferd verschafft.

Bei der Bodenarbeit nach dem Tao der Pferde stehen die mentale Arbeit an der eigenen Wahrnehmung und das Synchronisieren dieser Impulse mit der Wahrnehmung des Pferdes im Vordergrund. Hilfsmittel wie Ausbinder, Schlaufzügel und andere Gerätschaften können Sie getrost im Sattelschrank lassen. Was bei der Arbeit an der Balance im Tao der Pferde zählt, sind Intuition und Einfühlungsvermögen. Alles, was das Pferd bei der Entwicklung eines ausbalancierten Körpergefühls stört, hat hier nichts zu suchen.

Um Ihnen beim Erlernen der Balance die fatale Wirkung von Hilfsmitteln vor Augen zu führen, vergleiche ich deren Einsatz gern mit folgendem Bild: Lehren Sie ein Kind, eine Treppe hinabzusteigen und sich dabei stets am Handlauf festzuhalten. Wenn Sie nun dieses Kind dieselbe Treppe einmal frei hinuntergehen lassen, ohne dass es sich festhalten

Die Grundlage für die Skala der Ausbildung: Nur ohne den störenden Einfluss von „Hilfsmitteln" wie Beizäumungen, Sporen oder anderen Gegenständen lernen Pferd und Reiter wirklich, ihre eigene Balance zu finden.

Das Buch *I Ging* sagt

„So häuft der Edle hingebenden Wesens Kleines, um es zu Hohem und Großem zu bringen."

darf, wird es sich entweder nicht trauen, die Treppe hinunterzusteigen, oder auf dem Weg hinab ins Straucheln geraten und stürzen.

Auf gleiche Weise verhält es sich mit dem Pferd: Wird der Einsatz von Ausbindern, Schlaufzügeln und anderen Konstrukten zur Gewohnheit – was schneller passiert, als man sich bewusst wird –, kann das Pferd nie zu einer ausbalancierten, freien Selbsthaltung finden. Lassen Sie die Hilfszügel weg, fehlt ihm plötzlich gewissermaßen der Handlauf, an dem es sich auf seinem Weg unter dem Reiter oder an der Longe festhalten kann.

Dies bezieht sich übrigens nicht nur auf die Ausbildung junger Pferde. Auch turniererfahrene „Schleifensammler" geraten schnell aus dem Konzept, wenn ihnen ihre gewohnten „Hilfskrücken" genommen werden. Mit Ausgewogenheit, Balance und freier Selbsthaltung des Pferdes als dem eigentlichen Ideal des Reitens hat das nichts mehr zu tun.

Die Balance im Sattel

Hinsichtlich des harmonischen Zusammenspiels der Energien zwischen Pferd und Reiter ist ein Sattel ein gefährliches Ding!

Ein Blick zurück in die Geschichte zeigt, dass die Erfindung des Sattels auf der Erfahrung beruht, dass ein Ritt auf dem Pferderücken auf lange Distanzen für beide Seiten weitaus bequemer ist, wenn sich zwischen dem Rücken des Pferdes und dem Gesäß des Reiters ein formstabiles, wie auch immer geartetes Polster befindet.

Die Anfertigung der allerersten Sättel richtete sich nach den Materialien, die die Menschen in ihrer natürlichen Umgebung vorfanden. So verwendeten die Prärieindianer Nordamerikas in Ermangelung anderer Materialien Büffelknochen, die am Vorder- und Hinterzwiesel des Sattels jeweils in ein hohes Horn mündeten, um dem Reiter auch über weite Strecken eine bequeme Reise zu ermöglichen.

Die Darstellungen von berittenen Soldaten in der etwa 2300 Jahre alten „Terrakotta-Armee“ der monumentalen Grabstätte des Qin Shihuangdi, des Ersten Kaisers von China, zeigen Reiter, deren Sättel der Struktur nach eine große Ähnlichkeit mit den Sätteln der Ritter im Europa des Mittelalters aufweisen, deren Form sich wiederum mit den Sätteln der südfranzösischen Guardians als Camargue-Sättel bis in unsere Zeit erhalten hat.

© Slawik

Als sehr bequeme Errungenschaft sind Sättel kein Ersatz für eine ausbalancierte, trainierte, achtsame Haltung und Wahrnehmung auf dem Pferderücken.

Auch in diesen Sätteln reist es sich ausgesprochen bequem, weil sie dem Reiter durch ihre stützenden, hochgezogenen Vorder- und Hinterzwiesel eine sehr bequeme Sitzhaltung ermöglichen.

Eine ausgewogene Balance auf dem Pferd führt auch im Sattel nur über eine intensiv wahrgenommene Achtsamkeit.

Auch moderne Sportsättel sollen den Sitz des Reiters stützen, um eine Hilfestellung für einen ausbalancierten, sicheren Sitz zu geben. Eine trügerische Sicherheit!

Die bequeme Sitzstütze lädt mehr oder weniger großzügig dazu ein, sich hinsichtlich seiner eigenen Körperbalance ganz auf den Sattel zu verlassen. Ein guter Ansatz, die Balance und das Körpergefühl des Reiters zu schulen, ist die bei Reitschülern viel gehasste Methode des zeitweiligen Überschlagens der Steigbügel. Diese noch aus Zeiten der Kavallerieausbildung herrührende Methode ist der Tatsache geschuldet, dass der Reiter sich nur dann erfolgreich auf dem Pferderücken halten kann, wenn er gelernt hat, auf den Energiefluss der Bewegungen des Pferdes einzugehen und somit zu einem energetisch ausgeglichenen Ganzen von Pferd und Reiter zu führen. Denn ein Zuviel an Körpereinsatz in dieser Situation befördert den Reiter ebenso schnell aus dem Sattel wie ein Zuwenig, weil beide Extreme zu einer unausgewogenen energetischen Gesamtsituation zwischen Pferd und Reiter führen.

Das Buch *I Ging* sagt

„So geht der Edle mit seinen Gedanken nicht über seine Lage hinaus.“

Ob Ihr Energieeinsatz im Sattel, das heißt die Intensität der Hilfengebung, Sitzbalance und so fort, mit dem Ihres Pferdes tatsächlich im Einklang ist, können Sie ganz einfach feststellen, indem Sie Ihr Pferd immer wieder ohne Sattel reiten. Aus Sicherheitsgründen sollten Sie diesen Test aber nie im Gelände vornehmen, sondern die Sicherheit der Reithalle einem übertriebenen Perfektionswillen vorziehen. Es nützt niemandem etwas, wenn Ihr Pferd ohne Sie aus dem Gelände zurückkommt, nur weil Sie feststellen wollten, wie ausbalanciert Ihr Sitz ist!

Wenn Sie auf sicherem Grund feststellen, dass Sie auch „blank“ sehr gut mit Ihrem Pferd harmonieren, steht dem weiteren erfolgreichen Training im Sattel nichts im Weg.

„Gehe acht Schritte achtsam auf dem Weg zu deinem Pferd"

Jeder möchte gern ein leichtrittiges, fleißiges und aufmerksames Pferd haben.

Aber wie wir gesehen haben, braucht es manchmal nur Sekunden der Unachtsamkeit, um uns den Umgang mit unserem tierischen Partner zu verscherzen. Den Fehler wieder auszubügeln, kostet weitaus mehr Zeit – manchmal Wochen oder Monate.

Erinnern wir uns an die Geschichte von der „Achtsamkeit" am Anfang dieses Buches. Der weise und gelehrte Ban Cai hat dem Gewürzhändler Rin Shan zum Abschied empfohlen: „Rin Shan, wenn du diesen Raum verlässt, gehe acht Schritte achtsam."

Mit acht Schritten begleitet uns auch das Tao der Pferde auf dem Weg zu einem harmonischen, verständnisvollen und erfolgreichen Miteinander. Wir müssen nur bereit sein, uns auf diesen Weg einzulassen.

Das erste Prinzip der acht Schritte:

Finde Achtsamkeit und Gelassenheit

Wie ich bereits erwähnt habe, nützt es nichts, das Tao der Pferde gewissermaßen nebenbei praktizieren zu wollen. Es bringt Ihnen wenig, sich nach einem anstrengenden Bürotag, bei dem Sie an tausend Dinge gleichzeitig denken mussten, am Feierabend unter Zeitdruck in den Sattel zu begeben, um gestresst und unkonzentriert irgendetwas mit Ihrem Pferd unternehmen zu wollen.

Beginnen Sie mit dem Tao der Pferde am besten, wenn Sie ein wenig mehr Zeit haben, vielleicht am Wochenende oder mit ein paar freien Urlaubstagen. Dann fällt es Ihnen leichter, den Kopf freizubekommen für das, worum es beim Tao der Pferde wirklich geht. Beginnen Sie diese innere Reise zu Ihrem Pferd und vor allem zu sich selbst in einer Umgebung und einer Situation, die es Ihnen ermöglichen, genügend Ruhe und Konzentration aufzubringen.

„Wer seinen Platz nicht verliert, hat Dauer.“

(Laotse)

Nehmen Sie einen gelassenen Kontakt zu Ihrem Pferd auf und begegnen Sie ihm mit Achtsamkeit. Alles um Sie herum geschieht im *Jetzt*. Gehen Sie bei allem, was Sie tun, achtsam vor. Auch Handgriffe, die Sie schon tausendmal gemacht haben und deren Ablauf „sitzt“, etwa das Reinigen der Pferdehufe, das Aufsatteln, das Trensen, müssen Sie als im *Jetzt* geschehend wahrnehmen.

Versuchen Sie einmal, beim Herantragen des Sattels zum Putzplatz nicht an dessen Auflegen auf den Pferderücken zu denken, sondern auf den Weg zu achten, den sie aus der Sattelkammer bis hierhin genommen haben. Haben Sie einen Huf zum Auskratzen aufgenommen, dann setzen Sie ihn nach dem Reinigen bewusst und langsam ab, bis das Pferd wieder fest auf diesem Bein stehen kann.

Für das Training der eigenen achtsamen Wahrnehmung ist es auch eine gute Übung, beim Anziehen des Sattelgurts bewusst auf den mit jedem Zentimeter des Anziehens zunehmenden Gegendruck zu achten. Wenn Sie jede Tätigkeit bei der Vorbereitung des Pferdes bewusst in ihren Einzelheiten wahrnehmen, sind Sie auf dem Weg der acht Schritte schon ein gutes Stück vorangekommen.

© Slawik

Nur Wenigen wirklich bewusst, beginnt der achtsame Umgang mit dem Pferd schon mit dem ersten Kontakt. Lassen Sie sich nicht von alltäglichen „Routinearbeiten" wie dem Führen von der Weide oder dem Aufsatteln in der Stallgasse von einem achtsamen Umgang mit Ihrem Pferd ablenken. Denn es ist Ihre Lebenszeit und die Lebenszeit Ihres Pferdes, die Sie gemeinsam verbringen und die Ihnen im Falle eines Misserfolges niemand mehr zurückgibt.

Das zweite Prinzip der acht Schritte:

Treffe die richtigen Vorbereitungen

Bevor Sie im Sattel Platz nehmen, machen Sie sich im Geist zunächst einen Plan, was Sie mit Ihrem Pferd unternehmen möchten. Das planvolle Vorgehen bei der Vorbereitung einer Reitstunde oder einer Trainingseinheit hat noch nichts mit dem Tao der Pferde zu tun, sondern sollte eigentlich eine Selbstverständlichkeit sein. Leider ist jedoch häufig das Gegenteil zu beobachten: Reiter, die ihr Pferd planlos ständig stundenlang auf dem Zirkel reiten oder lange Runden auf dem Hufschlag verbringen, um dann ein bisschen an den Seitengängen zu arbeiten, und zum Schluss einige gefrustete Runden im Galopp gehen.

Derart planloses Vorgehen ist nicht nur wenig befriedigend und langweilig, sondern auch wenig hilfreich, die Aufmerksamkeit und Mitarbeit des Pferdes zu fördern. Möchten Sie erreichen, dass Ihr Pferd sich während der wertvollen Zeit des gemeinsamen Zusammenseins voll auf Sie und seine Aufgaben konzentriert, müssen Sie überlegt und planvoll vorgehen.

Das bedeutet, dass Sie sich am besten schon auf dem Weg zum Stall Gedanken machen, woran Sie in der anstehenden Stunde arbeiten wollen. Auch wenn Sie einen Ausritt vorhaben, sollten Sie die Route, die Sie reiten möchten, vorher im Kopf festgelegt haben, damit Sie im Gelände ganz bei Ihrem Pferd sein können. Denn die richtige Vorbereitung ist ein weiterer wichtiger Schritt auf dem Weg der harmonischen Verständigung zwischen Pferd und Reiter.

Derart gut präpariert, müssen Sie Ihre Pläne nun auf die Wahrnehmung des Pferdes abstimmen. Da Pferde ihrer Natur nach ausschließlich im *Jetzt* leben, ist es wichtig, bei der Ausführung und Umsetzung der von Ihnen ausgewählten Lektionen und Aufgaben zunächst das Warum und dann das Wie auszublenden, um sich ebenfalls im *Jetzt* ganz auf sich und das Pferd einlassen zu können. Was im Tao der Pferde zählt, ist nicht, *wie* Sie etwas machen, sondern *dass* Sie etwas machen!

Das dritte Prinzip der acht Schritte:
Komme zu innerer Sammlung

Haben Sie mit Ihrem Pferd die Reithalle oder den Reitplatz betreten, kommen Sie zu innerer Sammlung, indem Sie sich Ihre Umgebung bewusst anschauen. Dasselbe tut in diesem Moment auch Ihr Pferd, aufgrund der Anatomie seiner Sinne allerdings viel genauer und intensiver, als wir Menschen das könnten.

Die ausgesprochen feine Wahrnehmung ist häufig auch der Grund für eine unvorhergesehene Reaktion des Pferdes. Auch gewohnte, alltägliche Gegenstände können für das Pferd plötzlich Furcht einflößend sein, wenn sich ihr Anblick minimal geändert hat. So genügt zum Beispiel bei sensiblen Pferden das Aufblitzen eines Sonnenstrahls im Reithallenspiegel oder ein ungewohntes Schattenspiel auf dem Hallenboden, um zu erschrecken und davonzustürmen.

Daher bedeutet eine innere Sammlung und Konzentration auf den Moment immer auch, das Außen gründlich in die eigene Wahrnehmung einzubeziehen. Klingelt jetzt etwa Ihr Handy, bedeutet das für Sie nicht, alle Konzentration fahren zu lassen und das Gespräch entgegenzunehmen. Reiten mit dem Tao der Pferde bedeutet in dieser Situation, dass Sie zwar das Klingeln wahrnehmen, es aber lediglich als ein bekanntes Geräusch erfassen und ihm in diesem Moment keine Bedeutung beimessen. Das Handyklingeln ist in diesem Moment nur ein Teil der ganzheitlich wahrgenommenen Umgebung. Blenden Sie hierbei auch Gefühle wie „Das Klingeln stört mich“ oder „Ich gehe dran, es könnte wichtig sein“ völlig aus, um möglichst nah am Empfinden des Pferdes und seiner Wahrnehmung zu sein.

Die ausschließliche Ausrichtung Ihrer Gedanken auf den Informationsgehalt, *dass* das Handy klingelt, und nicht warum und wieso, signalisiert Ihrem Pferd in diesem Moment, dass das Klingeln jetzt und hier etwas völlig Normales ist und zu dieser Situation dazugehört. Unerwartete Geräusche, etwa das plötzliche Scheppern einer umgefallenen Mistgabel oder das dumpfe Zuschlagen des Bandeneingangs, wenn ein weiterer Reiter die Halle betritt, verlieren so auf ganz natürliche Art und Weise ihren Schrecken für das Pferd. Innerlich derart gefestigt, ist diese Art der Wahrnehmung für Sie auch gleichzeitig ein guter Schutz vor unliebsamen Reaktionen Ihres Pferdes, weil Sie einer „Schrecksekunde“ Ihres Pferdes innerlich gefestigt begegnen und somit mögliche Komplikationen bereits im Keim ersticken können.

Zu dieser inneren Sicherheit trägt natürlich auch Ihr Wissen um die Tatsache bei, dass eine umgefallene Mistgabel oder ein schepperndes Hallentor nichts Lebensbedrohendes für Ihr Pferd ist. Auf diese Art und Weise vermitteln Sie Ihrem Pferd auch ein gutes Stück Sicherheit, die es braucht, um Ihnen seine Sicherheit anvertrauen zu können.

Tao – ganz praktisch.

Richtige Vorbereitung ist alles.
Die Zeit, die Sie mit Ihrem Pferd verbringen, ist einzigartig, einmalig, und kann nicht wiederholt werden.
Deshalb ist in der kurzen Zeitspanne Ihres Zusammenseins kein Platz für überflüssige Zwistigkeiten.
Werfen Sie schon auf dem Weg zu Ihrem Pferd unnötigen Ballast aus Ihrem Bewusstsein, und treten Sie ihrem Pferd hellwach und achtsam entgegen.
Denn das gleiche tut auch Ihr Pferd.
Schalten Sie das Handy aus – es ist *jetzt* nicht wichtig.
Denken Sie nicht an die letzte schiefgelaufene Reitstunde – es ist *jetzt* nicht wichtig.
Vergessen Sie Ihren stressigen Tag auf der Arbeit – es ist *jetzt* nicht wichtig.
Was *jetzt* zählt, ist allein das Zusammensein mit Ihrem Pferd!

Das vierte Prinzip der acht Schritte:

Fühle die Energie

Haben Sie den Zustand innerer Sammlung und völliger Konzentration auf Ihr Pferd erreicht, können Sie mit den geplanten Lektionen beginnen. Dabei konzentrieren Sie sich nicht mehr auf die korrekte mechanische Abfolge Ihrer Hilfen. Sie lösen den Ablauf der Hilfengebung bei einer Lektion im Bewusstsein auf und lassen sich bei der Ausführung einer Bahnfigur komplett auf die Reaktionen des Pferdes ein.

Ruhe und Kraftentfaltung: Nur mit einem mental in sich ruhenden Pferd und einem achtsam zum Pferd hinfühlenden Reiter können Lektionen wie diese gelingen.

Die intensive Ausrichtung Ihrer Gedanken auf diese Übung bewirkt, dass sich die notwendigen Hilfen dazu gewissermaßen „nebenbei“ und von selbst einstellen. Das Ausführen einer Übung wird dadurch zu einem harmonischen *Spiel der Energien* zwischen Reiter und Pferd. Sie fühlen die Energie seiner Bewegungen und spüren in den Lektionen jede Nuance von Ruhe und Kraftentfaltung.

> *„Also auch der Berufene:*
> *Er weilt beim Völligen und nicht beim Dürftigen.*
> *Er bleibt beim Sein und nicht beim Schein.*
> *Darum tut er ab das Ferne und hält sich an das Nahe.“*
>
> (Laotse)

Das völlige Einlassen des Reiters auf sein Pferd führt zu einer echten, ausgeglichenen Führung des Pferdes in Harmonie statt zu einem kraftraubenden „Arbeiten“ im Sattel. So mancher reiterliche Schweißtropfen ließe sich vermeiden, wenn statt der Muskeln besser das Gehirn arbeiten würde. Und ich möchte an dieser Stelle nicht verschweigen, dass auch hoch konzentriertes Reiten, wie es das Tao der Pferde erfordert, zumindest zu Beginn eine ausgesprochen anstrengende Sache ist.

Denn das Leben im *Jetzt* müssen die meisten Menschen erst wieder lernen.

Nehmen Sie sich bei der konzentrierten Arbeit mit Ihrem Pferd anfangs übrigens keine allzu langen Übungsabschnitte vor. Um herauszufinden, wie lange eine Tao-Übungseinheit dauern sollte, steht nicht die Frage im Mittelpunkt, wie lange sich Ihr *Pferd* konzentrieren kann, sondern vor allem *Sie*. Denn es ist völlig ohne Belang, ob sich ein Pferd zwanzig Minuten voll konzentrieren kann oder eine halbe Stunde, wenn es Ihnen selber nicht gelingt, sich für mehr als zehn Minuten intensiv und gemäß dem Tao der Pferde auf Ihr Pferd zu konzentrieren. Merken Sie, dass Ihre Konzentration nachlässt, was gerade am Anfang der Arbeit nach den Prinzipien des Tao bei den meisten Menschen sehr rasch der Fall sein wird, unterbrechen Sie die Arbeit, und gönnen Sie sich und Ihrem Pferd eine kleine Pause.

Das fünfte Prinzip der acht Schritte:

Reite im Rhythmus deines Atems

Auf die Bedeutung des Atems in der Sichtweise der Pferde bin ich bereits bei der Betrachtung eingegangen, die eigene Atmung als „Trense im Kopf" einzusetzen. Haben Sie den vierten Schritt gemacht, werden Sie feststellen, dass sich bald ein Wechselspiel einstellt zwischen dem Rhythmus Ihrer Atmung und den Bewegungen Ihres Pferdes. Daher ist das bewusste Erkennen der eigenen Atemrhythmik ein untrennbarer Teil der ganzheitlichen Wahrnehmung an sich selbst. An Ihrer Atmung erkennt Ihr Pferd ganz genau und in jedem Moment Ihre Verfassung und wird gleich einem Spiegel darauf reagieren. Sind Sie mit einer ruhigen und gelassenen Atmung im Hier und Jetzt bei Ihrem Pferd, ist alles in Ordnung. Stört Sie etwas oder stellt sich eine für das Pferd scheinbar „bedrohliche" Situation ein, im Gelände etwa das plötzliche Herannahen eines laut knatternden, großen Traktors oder das Heranstürmen einer neugierigen Kuhherde an den Weidezaun, begehen viele Menschen den Fehler, in Erwartung einer Schreckreaktion ihres Pferdes unwillkürlich ihre Atmung zu verändern. Sie wird flach und hektisch und signalisiert dem Pferd damit die Information „Gefahr".

Dabei ist diese Reaktion meist völlig überflüssig. Ein knatternder Traktor ist in diesem Moment eben nur ein knatternder Traktor und kein gefährliches Raubtier. Mit diesem Wissen wäre es unnötig, um die Sicherheit seines Pferdes fürchten zu müssen. Und auch die erwähnte Kuhherde wird das Pferd nicht fressen, sondern vor dem Zaun stehen bleiben und nur neugierig den Reiter und sein Pferd in Augenschein nehmen. Da also kein wirklicher Grund besteht, vor einem Fressfeind davonzulaufen, ist auch die Angstreaktion des Reiters unbegründet. Und meist setzt der Fehler im Hirn des Reiters ein, einer bestimmten Situation wider besseres Wissen den Status „gefährlich" zuzuschreiben. Worauf sein Pferd nur artgerecht reagiert und die erwartete und befürchtete Gefahrensituation in Erfüllung der reiterlichen Wahrnehmung auch tatsächlich eintritt.

Fliehen oder Verharren? Nur Wenigen bewusst, ist auch der Rhythmus Ihres Atems für das Pferd ein deutliches und somit in seiner Wahrnehmung wichtiges Signal. Denn der Atemrhythmus des Reiters ist mitentscheidend, ob sich Ihr Pferd vor einer Situation fürchtet oder ob es das Vertrauen zu Ihnen behält und gelassen bleibt.

Das sechste Prinzip der acht Schritte:
Finde die eigene Mitte

Dieses Prinzip bezieht sich in erster Linie auf die Findung einer geistigen Mitte in der Wahrnehmung des Reiters. Es bedeutet, innerlich zur Ruhe zu kommen und seine Gedanken zu sortieren. Es bedeutet aber auch, in die eigene Balance auf dem Pferderücken zu kommen, um das Pferd dadurch in die Lage zu versetzen, ebenfalls seine Balance zu finden.

Pferde müssen unter dem Reiter ausbalanciert sein, um die ihnen abverlangten Leistungen auch tatsächlich erbringen zu können. Ich halte es für eine sehr einseitige Sicht, bei der Beurteilung des Leistungsvermögens eines Pferdes immer nur nach dessen Ausbildungsstand zu schauen. Aus Sicht des Tao der Pferde, in dem einzig der Zustand im Moment zählt, ist die Präsentation eines Pferdes immer das *Gesamtprodukt* aus der Anwesenheit des Reiters im Sattel, der momentanen Befindlichkeit des Pferdes sowie den gerade vorliegenden Bedingungen seiner unmittelbaren Umwelt.

Das Buch *I Ging* sagt

„Anmut hat Gelingen. Im Kleinen ist es fördernd, etwas zu unternehmen."

Stellen Sie sich einmal folgende Situation vor: Sie möchten ein Pferd kaufen und lassen es vom Verkäufer vorreiten. Dabei bemerken Sie, dass das Tier auf einer Hand besser geht als auf der anderen. Häufig entschuldigt es der Verkäufer damit, dass diese oder jene Hand eben die „Schokoladenseite" des Pferdes sei und an der anderen Hand noch etwas gearbeitet werden müsse. Stellen Sie sich jetzt einmal die Frage, ob Sie bei der Vorführung nur auf das Pferd geachtet haben oder ob Sie das Vorreiten als *Ganzes*, also auch hinsichtlich des Könnens des Reiters, wahrgenommen haben.

Denn entscheidend ist auch die Verfassung des Reiters bei der Präsentation eines Pferdes. Die Wahrnehmung der Dynamik der eigenen Körpermitte, die sich beim Reiten so überaus deutlich auf den Sitz und das Gleichgewicht des Reiters auswirkt, ist bei den Menschen ausgesprochen unterschiedlich ausgeprägt. Und vielleicht hat der Mensch, der Ihnen das Pferd verkaufen möchte, selbst einen schlechten Tag erwischt, sodass er unmerklich vermehrt nach einer Seite eingesessen hat. Oder der Reiter leidet unwissentlich unter einer ganz leichten Schiefstellung seines Beckens. Es kann gut sein, dass nicht das Pferd auf einer Seite „fester" ist als auf der anderen, sondern unter *diesem* Reiter keine Chance bekommt, seine eigene Balance zu finden.

Denn: Ein Pferd kann nur so gut ausbalanciert sein, wie es der Reiter zulässt.

„Habe Geduld mit jedem Tag deines Lebens."
(ZEN-Weisheit)

Wie bereits angedeutet, muss in einem dynamischen und gleichzeitig ausgewogenen Wechselspiel der Kräfte nicht nur der Reiter auf dem Pferd, sondern auch das Pferd unter dem Sattel zu innerer Harmonie und damit zu seiner Mitte finden.

Das geschieht aber nicht automatisch und selbstverständlich. Rein anatomisch betrachtet, verteilt sich das Körpergewicht des Pferdes sehr ungleichmäßig auf seine Vor- und Hinterhand. Je nach Muskelmasse und Trainingszustand lasten etwa 63 bis 65 Prozent der Körpermasse auf den Vorderbeinen. Die weitaus stärker bemuskelte Hinterhand braucht dagegen nur etwa 35 bis 37 Prozent des Pferdegewichts zu tragen. Die Findung des Gleichgewichts des Pferdes bedeutet somit auch, durch gezielte Lektionen für den Moment unter dem Sattel seinen Körperschwerpunkt nach hinten zu verlagern. Und das gelingt nur mit einem im wahrsten Sinn des Wortes „ausgewogenen" Reiter, der sich seiner eigenen Mitte in jedem Augenblick bewusst ist – körperlich und geistig.

Das siebte Prinzip der acht Schritte:

Sehe deine Umgebung mit Pferdeaugen

Die von mir in diesem Buch immer wieder benutzte Formulierung, „die Welt mit Pferdeaugen sehen“, bezieht sich nicht auf den unmöglichen Versuch, die Umwelt nach den anatomischen Vorgaben des Pferdekopfes wahrzunehmen. Ich beziehe mich damit auf etwas ganz anderes: Energie und Zeit.

Hier möchte ich auf einen weiteren Teil der Wahrnehmung aus Pferdesicht, die energetische Sichtweise, eingehen. Um die Ganzheitlichkeit der Pferdewahrnehmung richtig zu verstehen, ist es wichtig, auch diesen Wahrnehmungsaspekt in die eigene Sichtweise zu integrieren und zu üben.

Im Kapitel „Bambus und Wind“ bin ich bereits auf das gegenseitige Kräftespiel zwischen Pferd und Reiter eingegangen. Hier möchte ich Ihnen zeigen, wie Sie dieses Wechselspiel der sich gegenseitig bedingenden Kräfte auch in Ihrer Umwelt wahrnehmen und für sich nutzen können.

Was ich mit „energetisch sehen“ meine, möchte ich Ihnen anhand einer einfachen Übung erklären: Betrachten Sie auf einem Spaziergang einmal in Ruhe einen Grashalm, der in einer sanften Brise hin und her wiegt. Wenn er vom Wind zur Seite gebogen wird, sieht seine Form ganz anders aus, als wenn er bei Windstille ruhig und gerade steht. Es ist aber immer derselbe Grashalm. Bei Windstille ist sein energetischer Zustand ausgewogen, weil er in seiner Mitte steht. Drückt ihn aber der Wind zur Seite, gerät er durch das Verbiegen unter Spannung. In diesem Moment sehen Sie einen gespannten Halm, der sich in einer unausgewogenen energetischen Situation befindet.

Spannung und Entspannung in Perfektion. Schon ein einfacher Grashalm lehrt uns, der Ausgewogenheit der Kräfte um uns herum zu folgen.

Dieses Sehen energetischer Zustände ist für das Überleben von Pferden in der Wildnis eine ausgesprochen wichtige Überlebensstrategie. Denn um etwa bei einem Raubtierangriff dem Sprung des Pumas auszuweichen und flüchten zu können, müssen Pferde schon anhand der Körperspannung des Angreifers erkennen, in welche Richtung und mit welcher Intensität der Sprung erfolgen wird. Irrt sich ein Pferd hierin auch nur ein einziges Mal, war es sein letztes Mal.

Auch die besonders bei den sogenannten Robustrassen, wie Isländern, Norwegern, Camargues, Koniks oder Shetlandponys, ausgeprägte Fähigkeit, auf einem Ausritt tückische Stellen im Untergrund zu erkennen und zu umgehen, ist auf dieses Erfassen des energetischen Zustands zurückzuführen und hat in vergangenen Zeiten schon manchem Reiter in der Unwegsamkeit der Wildnis das Leben gerettet.

Pferde sind wahre Meister darin, ihre Umwelt hinsichtlich ihrer momentanen energetischen Situation und deren Beziehung zu ihrer eigenen Lage wahrzunehmen. Darin sind sie uns Menschen haushoch überlegen, die wir doch alles um uns herum so gegenständlich und statisch sehen.

Pferde erkennen aufgrund dieser Wahrnehmung, dass sich alles in einem immerwährenden energetischen Wandel befindet. So wie der Wind den energetischen Zustand des Grashalms ständig verändert, so unterliegt alles, was wir betrachten, einem ständigen Zustandswandel hinsichtlich seiner Funktion und Bedeutung. Fällt etwa bei einem Sturm eine Dachschindel herab und zerspringt, hat sie damit ihre Funktion, das Hausinnere vor Regen zu schützen, verloren. Und mit ihrer Funktion verliert sie durch das Zerspringen auf dem Boden auch ihre Form, obwohl es immer noch das gleiche Material ist. Doch einen Haufen Tonscherben bezeichnet niemand mehr als Dachschindel.

Aus Pferdesicht ist es nicht wichtig, welche Bedeutung ein Gegenstand hat, sondern welche Energie ihm innewohnt. Daher ist für den Umgang mit Pferden und das Reiten nach dem Tao das Erlernen dieses energetischen Sehens als Teil ganzheitlichen Wahrnehmens unerlässlich.

Und beim Erlernen dieser Sichtweise hilft schon ein Grashalm. Ein Grashalm im Wind.

Das achte Prinzip der acht Schritte:
Bewahre die Balance

Wie wir gesehen haben, ist der Umgang mit dem Pferd und das Reiten ein stetes Wechselspiel sich gegenseitig bedingender Kräfte, die es in Balance zu halten gilt. Das trifft für die Arbeit mit dem Pferd vom Boden und an der Longe genauso zu wie für die Arbeit im Sattel. Und es geht dabei nicht nur um das Fließen mechanischer Kräfte, sondern auch um die Balance in der Wahrnehmung.

© Slawik

Ausgleich und Balance: Im Umgang mit ihnen lehren uns die Pferde, dass Achtsamkeit die einzige Möglichkeit ist, einen wirklichen Zugang zu ihrer Wahrnehmung zu bekommen.

Machen wir uns zunächst bewusst, dass wir auch im Alltag ständig auf der Suche nach einer ausbalancierten Wahrnehmung sind. Stehen wir beispielsweise an einem heißen Sommertag zu lange in der Sonne, beginnen wir irgendwann instinktiv, uns einen kühlen Platz zu suchen. Stehen wir bei einer Musikveranstaltung zu nahe an den Verstärkerboxen, brauchen wir bald Abstand und Ruhe, damit sich unsere Ohren von dem lauten Schallpegel wieder erholen können. Und auch, wenn wir uns ein grelles, aus hastigen Bildschnitten zusammengesetztes Musikvideo ansehen, suchen unsere Augen zum Ausgleich immer wieder unbewusst nach Momenten der Ruhe.

Missachten wir die Signale unserer Sinne und finden wir in einer bestimmten Situation keinen Ausgleich, wird der Körper irgendwann krank. Verweilen wir zu lange in der heißen Sonne, bekommen wir einen Hitzschlag. Verharren wir zu lange vor den lauten Schallboxen, nimmt unser Trommelfell und damit unser Hörvermögen Schaden. Und starren wir zu lange auf das hektische Musikvideo, bekommen wir irgendwann Kopfschmerzen oder uns wird schwindelig.

Beachten wir dieses naturgegebene Streben nach Ausgleich auch bei unseren Pferden, ergeben sich hieraus weitreichende Konsequenzen für den Umgang mit ihnen. Arbeiten wir mit einförmigen Dauerreizen, etwa dem beständigen Arbeiten des Pferdes auf stets ein und derselben Hand oder in immer derselben Lektion, handeln wir dem Prinzip des Ausgleichs und der Balance zuwider. Und mit dieser Sichtweise brauchen Sie noch nicht einmal ein Spezialist für Pferdeanatomie zu sein, um zu erkennen, dass bestimmte gymnastizierende Übungen am Pferd, wie etwa die vornehm und verharmlosend als „Rollkur" bezeichnete Hyperflexion der Halswirbelsäule, nichts bringen, sondern dem Pferd nur unnötige Schmerzen zufügen – physisch wie psychisch!

Die Balance und das Zusammenspiel physischer und psychischer Kräfte im Sattel oder an der Longe ist ein ständiger dynamischer Prozess des Verstärkens und Verringerns von Impulsen. Das Beispiel des Pendels einer Standuhr soll uns das verdeutlichen: Schwingt das Pendel zu der einen Seite, wird es immer langsamer, bis es zum Stilstand kommt. In diesem Moment der Ruhe besitzt es aber seine größte Lageenergie, um wieder

In der Ruhe liegt die Kraft: Im Moment der höchsten Lage des Pendels, kurz vor dem Zurückschwingen, liegt seine größte Ruhe, aber gleichzeitig auch die größte Energie.

in die entgegengesetzte Richtung zu schwingen. In gleichem Maß, wie es beim Schwingen seine Lageenergie in Bewegung umsetzt und abbaut, baut es zugleich neue Energie zum Schwung in die Gegenrichtung auf. Das Prinzip des Pendels ist ein in sich geschlossenes, ausbalanciertes System. Es produziert keine überschüssige Energie, benötigt keine Energiezufuhr von außen und ist somit in der Bewegung in einer dauerhaften energetischen Balance.

Das Buch *I Ging* sagt

„Durch Kleines Gelingen. Fördernd ist es, zu haben, wohin man geht."

Bei der Arbeit im Sattel ist das Pendel ein sehr gutes Sinnbild dafür, was ich mit dem „Bewahren der Balance" bezeichne. Beantworten Sie jeden Impuls Ihres Pferdes wie das Pendeln einer Standuhr: Auf einen harten, kräftigen Impuls reagieren Sie so lange mit weichem Nachgeben, bis sich aus dieser Aktion ausreichend Energie zur Gegenreaktion, das heißt einem die Aktion beantwortenden Gegenpuls, aufgebaut hat. In der Praxis ist damit weniger ewig langes Nachgeben der Hand oder des Schenkels gemeint, sondern vielmehr jene kurzen Achtsamkeitsmomente des Reiters, die über Gelingen in Perfektion oder grobes, für jeden aufmerksamen Außenstehenden bemerkbares Missraten einer Lektion entscheiden.

Ebenso verhält es sich an der Longe. Einem widersetzlich auf dem Longierzirkel herumtobenden Pferd begegnen Sie in der Zirkelmitte zunächst mit völliger, gelassener Ruhe. Sie haben sicher schon oft bemerkt, dass blinder Aktionismus, das Pferd in diesem Moment des Ungehorsams zur Mitarbeit bewegen zu wollen, oft wenig Aussicht auf Erfolg hat und die Situation nur verschlimmert. Begegnen Sie Ihrem Pferd aber nach dem Prinzip des taoistischen Wu Wei, dem Prinzip des Handelns durch Nicht-Handeln, wird es bald darauf verzichten, seine Energie zu verschleudern, und sich Ihnen auf einem vernünftigen, ausgeglichenen Niveau zuwenden. Von diesem Niveau aus können Sie mit der eigentlichen Arbeit beginnen – immer in Balance mit Ihrem Pferd.

Achtsamkeit

„Was man zusammenziehen will,
das muss man erst sich richtig ausdehnen lassen.
Was man schwächen will,
das muss man erst richtig stark werden lassen.
Was man beseitigen will,
das muss man erst richtig sich ausleben lassen.
Wo man nehmen will,
da muss man erst richtig geben.
Das heißt die geheime Erleuchtung.
Das Weiche siegt über das Harte.
Das Schwache siegt über das Starke.“

(Laotse)

Dieser Begriff wird heute wichtiger denn je. Durch die alltägliche Überflutung unserer Sinne und die Beliebigkeit menschlicher Interaktion verliert der Einzelne in einer immer komplexer sich wandelnden Welt in zunehmendem Maße den Bezug zu sich selbst. Und es wird immer schwerer, im breiten Strom der Informationsflut zu unterscheiden, was wichtig für einen selbst ist und was bei gründlichem Hinterfragen in der Bedeutungslosigkeit verschwindet.

Das betrifft auch den Umgang mit unseren Pferden. Viele Menschen sind in ihrem Alltag auf der Suche nach Einfachheit und Entschleunigung ihres persönlichen Umfelds. Die Pferde sollen ihnen dabei helfen, den Weg zu sich selbst zu finden und für eine feste Struktur und einen Sinn im Dasein sorgen.

Aber statt sich dem eigentlichen Wesen ihrer Pferde zuzuwenden, verbringen viele Reiter einen Großteil ihrer Freizeit damit, dem vorgegebenen Ideal der unterschiedlichen Reitweisen hinterherzujagen. Die Achtsamkeit, der Blick auf das Kleine, etwa auf kleine Erfolge im Training oder auf eine schöne Begebenheit im alltäglichen Zusammensein mit dem Pferd, verliert immer schneller an Bedeutung. Denn diese Kleinigkeiten, die das *Hier* und *Jetzt* als unwiederbringlichen Moment beherrschen, blitzen im rasant sich wandelnden Zeitalter der Informationsgesellschaft genauso schnell auf, wie sie wieder verschwinden.

Dabei ist stetiger Wandel nichts grundsätzlich Verwerfliches – im Gegenteil. Wandel ist die Grundlage für die Erkenntnisse des Tao im alten China, und Wandel als Ursache für die Abfolge des Lebens war auch schon den Philosophen des antiken Griechenland bekannt. *Panta rhei* – alles fließt. Und es war der griechische Philosoph Heraklid, der bereits in der Antike die These aufstellte, dass man nie zweimal im gleichen Fluss schwimmen kann. Zu jedem Zeitpunkt ist alles in ständiger Bewegung, verändert sich, vergeht und schafft Neues.

Pferde lehren uns, wieder auf das natürliche Gleichgewicht der uns umgebenden Kräfte zu achten und uns bewusst darauf einzulassen.

Das Tao der Pferde kann uns dabei helfen, uns wieder auf das zu besinnen, wer wir sind, was uns selbst eigentlich ausmacht und was uns im Leben, im Alltag und im Zusammensein mit unseren Pferden wirklich wichtig ist. Soll das Tao der Pferde erfolgreich angewendet werden, zwingt es uns zunächst zu innerer Sammlung, Ruhe, Gelassenheit und Abstand vom Alltag – Eigenschaften, die in unserem hektischen Leben für viele Menschen scheinbar an Bedeutung verloren haben, die aber umso mehr vermisst werden, je mehr sie als Selbstverständlichkeit aus unserem Alltag verdrängt werden. Womit wir wieder beim Thema des immerwährenden Ausgleichs zwischen Yin und Yang angelangt sind.

In unserer menschlichen Wahrnehmung spielt aber auch der Faktor Zeit hinsichtlich des Tao der Pferde eine ausgesprochen behindernde Rolle. Denn das Annehmen einer Wahrnehmung nach den Prinzipien des Tao ist ein ganz persönlicher Entwicklungs- und kein abstrakter, allgemeiner Lernprozess. Damit wird auch klar, dass das Tao der Pferde eine sehr tiefgehende, Pferd und Mensch gleichermaßen umfassende Philosophie und kein „Instant-Training" für das Erreichen eines bestimmten Erfolges oder das Abstellen einer bestimmten Unart des Pferdes ist.

„Achte auf deine Gedanken,
sie sind der Anfang deiner Taten."

(Aus China)

Und auch hier schließt sich wieder der Kreis. Denn das Tao der Pferde lehrt uns, dass es im Umgang, im Training und auch in der Erziehung unserer Pferde nicht mit einfachen, eingängigen Formeln getan ist, die heute in der Pferdewelt leider so sehr in Mode sind. Und wäre es nicht auch eine regelrechte Nichtachtung unserer Pferde, wenn wir alle Probleme im Umgang mit ihnen allein auf das Bedienen *dieses* Reflexpunktes oder die Benutzung *jenes* Spezialzügels reduzieren würden? Oder schlimmer noch, wenn wir es auf den Sattel, das Material der Trense, den Hufbeschlag oder den Reitlehrer schieben, statt – wenigstens uns selber gegenüber – einzugestehen, dass es uns nicht gelingen will, uns auf das Wesentliche, nämlich das *Jetzt* im Zusammensein mit unserem Pferd, zu konzentrieren?

Hier zeigt sich sehr deutlich, dass es sich im Umgang mit dem Pferd genauso verhält wie im *richtigen* Leben und in unserem alltäglichen Handeln und Tun: Wir finden immer eine Ausrede oder Erklärung für eine unbefriedigende Situation im Außen, statt uns dem Innen zuzuwenden. Wir suchen Puzzleteile, ohne das Ganze im Auge zu haben.

Aber auch das lehrt uns das Tao der Pferde: Innehalten, Verweilen bei scheinbar Belanglosem, Kleinem. Das I Ging sagt: *„Im Kleinen ist es förderlich, etwas zu unternehmen"*. Und das ist letztendlich in seinem Kern nichts anderes, als das, was uns auch die uns vertrauten europäischen Reitlehren alter Meister wie Xenophon, Pluvinel, De la Guérinière, sagen möchten: *„Sei bei Deinem Pferd!"*

Zum Schluss möchte ich Sie nochmals dazu ermuntern, sich auf dem Weg zu Ihrem Pferd dem Tao der Pferde anzuvertrauen. Denn wie sagt schon ein altes chinesisches Sprichwort: *„Wege entstehen, indem wir sie gehen."* Lassen Sie sich also nicht davon abbringen, den Weg zu Ihrem Pferd immer wieder achtsam zu gehen. Denken Sie im Zusammensein mit Ihrem Pferd auch immer wieder daran: Was zählt, ist das Jetzt. Gleich und Eben, Morgen und Gestern gibt es im Tao der Pferde nicht, kann es gar nicht geben.

Das Tao der Pferde zeigt uns damit den Weg zurück in die eigene Balance. Auf völlig uneigennützige Art und Weise und quasi nebenbei gelingt es den Pferden, uns durch unsere Hinwendung und Konzentration auf sie gleichzeitig ein wertvolles Stück unserer eigenen Persönlichkeit zurückzugeben und uns dadurch uns selbst wieder ein Stück näher zu bringen. Und dieses Geschenk, das Tao der Pferde, sollten wir jederzeit dankbar annehmen und durch unsere Achtsamkeit erwidern.

Achtsam im Spiel der Kräfte.

Achtsam wie ein Grashalm.

Ein Grashalm im Wind.

CADMOS PFERDEBÜCHER

Marlitt Wendt

Wie Pferde fühlen und denken

Die Welt mit Pferdeaugen sehen: Dieses Buch lädt den Leser ein auf eine faszinierende Entdeckungsreise in die Gefühlswelt der Pferde. Es bietet einen fundierten Zugang zur Sprache der Pferde, zu ihren erstaunlichen Intelligenzleistungen und ihren tiefgründigen Emotionen. Auf dieser Basis kann der Mensch lernen, bewusster mit seinem Pferd umzugehen, die Beziehung zu ihm harmonischer zu gestalten und es gewaltfrei und effektiv auszubilden.

112 Seiten · farbig · gebunden
ISBN 978-3-86127-457-5

Maksida Vogt

Befreie dein Pferd - Befreie dich selbst

Immer mehr Reiter und Pferdefreunde wünschen sich Freundschaft als Basis des Umgangs mit dem Pferd. Freundschaft verträgt aber keinen Zwang, keinen Schmerz und keine Manipulation. Mit provokativen Thesen möchte Maksida Vogt Menschen anregen über das Pferd, sich selbst und den eigenen Platz in der Welt nachzudenken sowie sich selbst zu erkennen. Dabei gibt sie dennoch Anregungen für den harmonischen Umgang mit Pferden und zeigt neue Wege auf.

224 Seiten · farbig · broschiert
ISBN 978-3-8404-1034-5

Auch als E-Book erhältlich

Daniela Bolze

Und sie sprechen doch

Mit ihrem vielfältigen Ausdrucksverhalten sind Pferde immer wieder für Überraschungen gut. Die Bandbreite reicht dabei von neugierigem, freundschaftlichem und unsicherem Verhalten bis hin zum Drohen als Vorwarnung für einen Angriff. Die Autorinnen bieten einen kompetenten Einblick in die Natur der Pferde, deren Kommunikationsfähigkeit untereinander und vor allem in ihre Art und Weise, sich dem Menschen vom Boden und unter dem Sattel mitzuteilen.

128 Seiten · farbig · broschiert
ISBN 978-3-8404-1023-9

Auch als E-Book erhältlich

Stephen Rasche-Hilpert

Adel.Würde.Schönheit

In eindrucksvollen Bildern und einfühlsamen Texten bietet dieser Bildband einen Zugang zum edlen Wesen der Pferde, wie er nur selten zu finden ist. Mit ruhigem Blick lenkt Stephen Rasche-Hilpert die Aufmerksamkeit auf die Majestät der Pferde und zeigt sie – geprägt von aufrichtiger Achtung und Liebe – in einem Licht, das ihre Schönheit und Würde nachdrücklich zur Geltung bringt.

96 Seiten · farbig · gebunden
ISBN 978-3-8404-1024-6

Cadmos Verlag GmbH · Möllner Straße 47 · 21493 Schwarzenbek
Tel. 04151-87 90 7-0 · Fax 04151-87 90 7-12
Besuchen Sie uns im Internet: **www.cadmos.de**

CADMOS